# 金属加工与实训综合习题集

JINSHU JIAGONG YU SHIXUN ZONGHE XITIJI

主　编　谈小川　唐维贵
副主编　刘忠菊　李英明　何青峰
参　编　张雪琴　姜安乐　方全双
唐　伟　何云飞　傅　凯
王定勇　陈　林　张益民

重庆大学出版社

## 内容提要

本书是基于《金属加工与实训》主教材，结合四川省加工制造类高考考纲编撰成册的一本教辅资料，直接对接高考。本书题量充足，共 3 400 余题，包括力学性能、工程材料、热处理、热加工基础、冷加工基础五大部分，题型包括填空、选择、判断、名词解释、问答、计算等。本书把传统的章节式混搭练习改为形式更清晰，针对性练习更强的分节式练习，将各章节分解为数个知识小结，针对不同小节知识进行由简单到复杂的精准练习与强化训练，让学生更轻松地掌握各类知识点，最后进行综合练习与综合考试来检验学习成果。

本书适合作为中等职业学校机械类、工程技术类及近机械类相关专业的教辅书，也可作为成人教育院校、职业培训和机械行业技工人员的学习材料。

**图书在版编目(CIP)数据**

金属加工与实训综合习题集/谈小川，唐维贵主编.
—重庆：重庆大学出版社，2023.8(2024.5 重印)
ISBN 978-7-5689-4038-2

Ⅰ.①金… Ⅱ.①谈… ②唐… Ⅲ.①金属加工—中等专业学校—习题集—升学参考资料 Ⅳ.①TG-44

中国版本图书馆 CIP 数据核字(2023)第 120482 号

**金属加工与实训综合习题集**

主　编　谈小川　唐维贵

副主编　刘忠菊　李英明　何青峰

策划编辑：荀荟羽

责任编辑：陈　力　　版式设计：荀荟羽

责任校对：谢　芳　　责任印制：张　策

*

重庆大学出版社出版发行

出版人：陈晓阳

社址：重庆市沙坪坝区大学城西路 21 号

邮编：401331

电话：(023) 88617190　88617185(中小学)

传真：(023) 88617186　88617166

网址：http://www.cqup.com.cn

邮箱：fxk@cqup.com.cn (营销中心)

全国新华书店经销

重庆亘鑫印务有限公司印刷

*

开本：787mm×1092mm　1/16　印张：12.75　字数：312 千

2023 年 8 月第 1 版　　2024 年 5 月第 2 次印刷

印数：2 001—4 000

ISBN 978-7-5689-4038-2　定价：39.00 元

# 前言

本习题集严格按照四川省加工制造类专业核心课程——“金属加工与实训”课程标准及监测评价标准编制，编者多年教授“金属加工与实训”，在深度剖析监测评价关键知识点，实时研判对口升学考点难点后，形成了集“教学、监测、高考”于一体的习题集，并匹配信息化监测手段。本习题集已在区域内多所中等职业学校加工制造类专业运行试用，并不断完善和改进，已十分成熟，适用于课后练习、章节监测和高考复习。

该习题集共开发习题 3 400 余个，采用“小节练习+章节监测+综合考评”的方法呈现，由易到难、层层推进，突出“节节有反馈、章章有监测、整体有把控”的鲜明特色。第一部分小节练习对接课程体系中小节知识点，便于及时反馈学习情况；分章节复习包含全书课程体系中力学性能、工程材料、热处理、热加工基础、冷加工基础五大部分，对标职教高考典型题型，以填空、单选、多选、判断的形式呈现，便于该课程教学和复习使用。第二部分综合练习试题将课程知识点融会贯通，分析多年考题，精准命中考点，适用于冲刺复习阶段模拟高考。

本习题集由北川羌族自治县七一职业中学谈小川、四川省绵阳职业技术学校唐维贵担任主编，由绵阳市教育科学研究所刘忠菊、江油市职业中学校李英明、游仙职教中心何青峰担任副主编，参加编写工作的还有四川省各中职学校专业教师成员。

因编写时间仓促，书中难免存在疏漏之处。恳请广大读者批评指正。读者意见反馈信箱：18181766692@ qq.com。

编　者

2023 年 1 月

# 目录

# 第一章　力学性能

## 练习题一

**一、填空题**

1. 金属材料的力学性能指标主要有________、________、________、韧性和疲劳强度等。

2. 圆柱形比例拉伸试样分为________圆柱比例试样和________圆柱比例试样两种。

3. 从完整的拉伸试样和力伸长曲线可以看出，试样从开始拉伸到断裂要经过弹性变形________、________、________与断裂 4 个阶段。

4. 屈服强度分为________屈服强度和________屈服强度。一般情况下，屈服强度指________屈服强度。

5. 金属材料的塑性可以用拉伸试样断裂时的最大相对________量来表示，如拉伸后的断后伸长率和________。

6. 常用的硬度测试方法有________氏硬度（HBW）、________氏硬度（HRA、HRB、HRC）和维氏硬度（HV）3 种。

7. 洛氏硬度按选用的总试验力及压头类型不同，常用的标尺有________、________、________。

8. 500 HBW5/750 表示用直径为 5 mm，材质为________的压头，在________ kgf（7. 355 kN）压力下，保持________ s，测得的布氏硬度值是________。

9. 吸收能量的符号是 K，其单位________。

10. 写出下列力学性能指标的符号：屈服强度________，洛氏硬度 A 标尺________，断后伸长率________，断面收缩率________。

**二、单选题**

1. 拉伸试验时，试样拉断前能承受的最大标称应力称为材料的（　　）。

A. 屈服强度　　B. 抗拉强度　　C. 弹性极限

2. 测定淬火钢件的硬度，一般选用（　　）来测试。

A. 布氏硬度　　B. 洛氏硬度　　C. 维氏硬度

3. 做疲劳抵抗永久变形和断裂的能力，称为（　　）。

A. 静载荷　　B. 冲击载荷　　C. 循环载荷

4. 金属材料抵抗永久变形和断裂的能力，称为（　　）。

A. 硬度　　B. 塑性　　C. 强度

5. 金属材料的（　　）越好，则其压力加工性越好。

A. 强度　　B. 塑性　　C. 硬度

6. 有一金属紧固螺钉在使用过程中发现有较大的塑性变形，这是因为紧固螺钉制作材料的(　　)较小。

A. 屈服强度　　B. 韧性　　C. 塑性

7. 下列不属于金属材料优越性能的是(　　)。

A. 物理性能　　B. 导电性能　　C. 化学性能　　D. 力学性能

8. 下列是流动金属的是(　　)。

A. 金　　B. 铅　　C. 汞　　D. 稀液金属

9. 我国使用金属最早在(　　)。

A. 春秋末期　　B. 商代　　C. 春秋　　D. 西汉

10. 拉伸试验可测定(　　)。

A. 强度　　B. 硬度　　C. 冲击韧性　　D. 疲劳强度

## 三、判断题

1. 塑性变形能跟随载荷的去除而消失。(　　)

2. 所有金属材料在拉伸试验时都会出现显著的屈服现象。(　　)

3. 做洛氏硬度实验时，在实验条件相同的条件下，压痕直径越小，则材料的硬度越低。(　　)

4. 洛氏硬度值是根据压头压入被测金属材料的残余压痕深度增量来确定的。(　　)

5. 由于大部分机械零件的损坏是由疲劳造成的，消除或减少疲劳失效，对提高零件使用寿命有着重要意义。(　　)

6. 在进行拉伸试验时，拉伸试样的伸长量与拉伸力始终成正比。(　　)

7. 屈服强度是指试样在拉伸试验过程中不增加拉力仍然能继续伸长时的应力。(　　)

8. 金属材料的硬度越高，其抵抗局部塑性变形的能力越强。(　　)

9. 金属材料吸收的能量对温度不敏感。(　　)

10. 疲劳断裂时不产生明显的塑性变形，断裂是突然发生的，具有很大的危险性。(　　)

## 四、多选题

1. 金属材料的力学性能包括(　　)。

A. 硬度　　B. 弹性　　C. 强度　　D. 冲击韧性

2. 衡量金属材料力学性能的指标有(　　)。

A. 硬度　　B. 强度　　C. 塑性　　D. 韧性

E. 疲劳强度

3. 下列是金属材料物理性能的有(　　)。

A. 磁性　　B. 耐腐蚀　　C. 导电性　　D. 熔点

E. 热膨胀性

4. 金属材料的力学性能包含(　　)。

A. 强度　　B. 密度　　C. 硬度　　D. 塑性

5. 塑性好的材料容易进行(　　)等成形加工。

A. 铸造　　B. 锻压　　C. 轧制　　D. 热处理

# 练习题二

## 一、填空题

1. 疲劳断口形成的过程包括________、________、________。

2. 衡量金属材料塑性的指标有________和________。

3. 圆钢的 $R_{el}=360$ MPa，$R_m=610$ MPa，横截面积是 $S_0=100$ mm$^2$，当拉伸力到达________ N 时，圆锯将出现屈服现象；当拉伸力达到________ N 时，圆锯将出现颈缩现象并断裂。

4. 硬度测定方法有________、________和________法等，其中________法应用最广。

5. 采用洛氏硬度法测定金属材料的硬度时，一般要选取不同位置的 3 点测出硬度值，然后再计算 3 点硬度的________值作为被测金属材料的硬度值。

6. ________冲击试样有________形缺口和________形缺口两种。

7. 变化很慢的载荷称为________载荷。

8. 在短时间内以高速度作用于零件上的载荷称为________载荷。

9. 大小和方向随时间发生周期性变化的载荷称为________载荷。变形一般分为________变形和塑性变形两种。不能随载荷的去除而消失的变形称为________变形。

10. 强度是指金属材料在静载荷作用下，抵抗________或________的能力。

## 二、单选题

1. 材料在断裂前所承受的最大应力称为(　　)。
   A. 强度　B. 屈服点　C. 抗拉强度　D. 疲劳强度

2. HRC 表示(　　)。
   A. 布氏硬度　B. 洛氏硬度　C. 维氏硬度　D. 肖氏硬度

3. $\alpha_k$ 表示(　　)。
   A. 屈服点　B. 冲击吸收功　C. 冲击韧度　D. 疲劳强度

4. 冲击试验可测材料的(　　)。
   A. 强度　B. 硬度　C. 韧性　D. 疲劳强度

5. 做疲劳试验时，试样承受的载荷为(　　)。
   A. 静载荷　B. 冲击载荷　C. 交变载荷　D. 以上答案都对

6. 洛氏硬度 C 标尺所用的压头是(　　)。
   A. 淬硬钢球　B. 金刚石圆锥体　C. 硬质合金球　D. 以上答案都对

7. 用拉伸试验可以测定材料的(　　)性能指标。
   A. 强度　B. 硬度　C. 韧性　D. 以上答案都对

8. HRB 所用的压头类型为(　　)。
   A. 120°金刚石圆锥体　B. $\phi$1.58 mm 的钢球
   C. 136°金刚石四棱锥体　D. 硬质合金

9. 金属材料抵抗局部变形特别是塑性变形、压痕或划痕的能力称为(　　)。
   A. 强度　B. 塑性　C. 硬度　D. 弹性

10. 一般机械零件的工作应力应该小于(　　)以免受力过大，产生塑性变形而失效。
    A. 强度极限　B. 最大拉力　C. 内力　D. 屈服强度

## 三、判断题

1. 金属的性能包括使用性能和工艺性能。 ( )
2. 韧性是拉伸试验获得的。 ( )
3. HV 表示材料的布氏硬度。 ( )
4. 一般来说，晶粒越粗，金属的力学性能越好。 ( )
5. 硬度高的材料则强度必然也高。 ( )
6. 弹性变形随载荷的去除而消失。 ( )
7. 材料的屈服点越低，则允许的工作应力越高。 ( )
8. 洛氏硬度值无单位。 ( )
9. 做布氏硬度试验时，当试验条件相同时，其压痕直径越小，材料的硬度越低。 ( )
10. 材料对抗小能量多次冲击抗力的大小主要取决于材料的强度和塑性。 ( )

## 四、多选题

1. 下列选项中，属于布氏硬度试验特点的是(　　)。
   A. 压痕较大，对金属表面的损伤程度也比较大
   B. 测量数据准确、稳定
   C. 可用于测定淬火钢球的硬度
   D. 硬度测量范围大
2. 下列说法正确的是(　　)。
   A. 弹性变形外力去除后形变将会恢复
   B. 洛氏硬度试验操作比维氏硬度试验方便
   C. 韧脆转变温度是衡量金属材料冷脆倾向的指标
   D. 夏比摆锤试验中，在试样上开口的目的是使塑性变形局限在缺口附近
3. 变形可分为(　　)两大类。
   A. 热膨胀性　　B. 弹性变形　　C. 塑性变形　　D. 刚性变形
4. 下列不属于金属材料力学性能的是(　　)。
   A. 热膨胀性　　B. 塑性　　C. 疲劳强度　　D. 锻压性
5. 力学拉伸试样中标准的长径比为(　　)。
   A. 5∶1　　B. 2∶1　　C. 10∶1　　D. 4∶1

# 练习题三

## 一、填空题

1. 强度常用的衡量指标有________和________。

2. 有一钢试样其横截面积为 100 $mm^2$，已知钢试样的 $\sigma_s = 314$ MPa，$\sigma_b = 530$ MPa 拉伸试时，当受到拉力为________时，试样出现屈服现象，当受到拉力为________时，试样出现颈缩。

3. 断裂前金属材料产生塑性变形的能力称为塑性。金属材料的________和________的数值越大，表示材料的塑性越好。

4. 一拉伸试样的原标距长度为 50 mm，直径为 10 mm 拉断后试样的标距长度为 79 mm，颈缩处的最小直径为 4.9 mm，此材料的伸长率为________，断面收缩率为________。

5. 填出下列力学性能指标的符号：抗拉强度________，洛氏硬度 C 标尺________。

6. 符号：断面收缩率________，冲击韧度________。

7. 金属材料抵抗________载荷作用而________能力，称为冲击韧性。

8. 一长试样的原始标距为 100 mm，直径为 10 mm，测得其 $\delta = 38\%$，$\psi = 68\%$，则拉断时试样长为________，直径为________。

9. 金属在静载荷作用下，抵抗塑性变形或断裂的能力称为________。

10. 铸铁的硬度测定用________硬度实验法，淬火钢的硬度测定用________硬度实验法。

## 二、单选题

1. 当工件的强度、硬度、塑性越大时，刀具耐用度(　　)。

A. 不变　　B. 有时长有时短　　C. 越长　　D. 越短

2. 由于金属材料具有一定的(　　)，有利于某些成形工艺、修复工艺、装配的顺利完成。

A. 强度　　B. 塑性　　C. 硬度　　D. 韧性

3. 塑性判据 $A$、$Z$ 值越大，金属材料(　　)。

A. 塑性越好　　B. 塑性越差　　C. 强度越大　　D. 硬度越高

4. 金属材料抵抗表面变形的能力称为(　　)。

A. 塑性　　B. 强度　　C. 硬度　　D. 韧性

5. 金属材料的(　　)越好，则其压力加工性能越好。

A. 强度　　B. 塑性　　C. 硬度　　D. 韧性

6. 材料的屈服强度表示(　　)。

A. 材料抵抗塑性变形的能力　　B. 材料抵抗弹性变形的能力

C. 材料抵抗断裂破坏的能力　　D. 材料抵抗温度变化的能力

7. 低碳钢标准拉伸试样，原始直径为 10 mm，拉断后标距长度为 80 mm，则断后伸长率为(　　)。

A. 20%　　B. 30%　　C. 60%　　D. 以上均错

8. 塑性的指标是(　　)。

A. 断后伸长率　　B. 断面收缩率

C. 断后伸长率和断面收缩率　　D. 塑性变形和弹性变形

9. 强度的指标是(　　)。

A. 只有弹性极限　　B. 只有屈服强度

C. 只有抗拉强度　　D. 弹性极限、屈服强度和抗拉强度

10. 规定钢的疲劳强度是经过多少次循环而不发生破坏,所对应的最大应力值为(　　)。

A. 10 的 8 次方　　B. 10 的 7 次方　　C. 10 的 6 次方　　D. 10 的 9 次方

## 三、判断题

1. 伸长后的标距与原始标距之比的百分率称为伸长率。(　　)
2. 布氏硬度测量法不适宜测成品及较薄工件。(　　)
3. 洛氏硬度值是根据压头压入被测定材料的压痕深度得出的。(　　)
4. 金属材料的力学性能差异是由内部组织结构所决定的。(　　)
5. 刀具材料的硬度常用布氏硬度表示。(　　)
6. 材料的屈服点或规定残余伸长应力是机械零件的主要依据;而抗拉强度是机械零件设计和选材的重要依据。(　　)
7. 钢材在交变载荷作用下,经过多次循环而不发生破坏,所对应的最大应力值是疲劳强度。(　　)
8. 长期工作的弹簧突然断裂属于疲劳破坏。(　　)
9. 断后伸长率、弹性极限和断面收缩率是塑性的评定指标。(　　)
10. 当材料承受的载荷是小能量多次冲击时,则材料的冲击韧性主要取决于材料强度。(　　)

## 四、多选题

1. 洛氏硬度 HRA 标尺中适合测试材料包括(　　)。

A. 硬质合金　　B. 表面淬火钢　　C. 退火钢　　D. 非铁金属

2. 金属的疲劳强度的影响因素有(　　)。

A. 零件外形　　B. 表面质量　　C. 受力状态　　D. 周围介质

3. 洛氏硬度按选用的试验力与压头的不同,常用(　　)几种标尺。

A. A　　B. B　　C. C　　D. D

4. 金属材料的力学性能主要包括(　　)。

A. 强度　　B. 塑性　　C. 硬度　　D. 韧性

E. 疲劳强度

5. 金属材料的性能包括(　　)。

A. 使用性能　　B. 力学性能　　C. 工艺性能　　D. 化学性能

# 练习题四

## 一、填空题

1. 塑性是金属材料在断裂前发生________的能力。

2. 韧性是金属材料在断裂前________的能力。

3. 洛氏硬度根据试样________衡量试样的硬度大小

4. 塑性采用________试验方法测定；136°正四棱锥金刚石压头是用于________硬度测试法。

5. 用一个标距长度为 100 mm 的低碳钢长试样做拉伸试验，试样拉断时断面处的直径为 5.65 mm，拉断后标距长度为 120 mm，则试样的断面收缩率为________，断后伸长率为________。

6. 金属材料的塑性变形是通过晶体的________运动来实现的。

7. 硬度试验中，采用硬质合金压头的是________硬度。

8. 长期工作的弹簧突然断裂，属于________。

9. 当材料承受的载荷是小能量多次冲击时，则材料的冲击韧性主要取决于________。

10. 当材料承受的载荷是大能量较少次数的冲击时，则材料的冲击韧性主要取决于________。

## 二、单选题

1. 下列不是金属力学性质的是(　　)。

A. 强度　　B. 硬度　　C. 韧性　　D. 压力加工性

2. 金属材料产生永久变形能力为(　　)。

A. 塑性　　B. 硬度　　C. 韧性　　D. 强度

3. 金属材料在断裂前所能承受的最大拉应力为(　　)。

A. 抗拉强度　　B. 疲劳强度　　C. 强度　　D. 硬度

4. $R_m$ 表示金属材料在静拉伸中(　　)所能承受最大应力。

A. 弹性变形前　　B. 塑性变形前　　C. 断裂时　　D. 断裂前

5. 金属的可锻性由材料的(　　)和变形抗力来确定。

A. 强度　　B. 硬度　　C. 塑性　　D. 韧性

6. (　　)是材料抵抗冲击载荷的能力。

A. 强度　　B. 刚度　　C. 韧性　　D. 塑性

7. 力学性能要求较高的钢质零件，其毛坯应选用(　　)。

A. 铸件　　B. 锻件　　C. 型材　　D. 焊件

8. (　　)是大多数机械零件选材和设计的依据。

A. 屈服强度　　B. 韧性　　C. 抗拉强度

9. 根据拉伸试验过程中拉伸力和伸长量关系的力伸长曲线(拉伸图)可以确定出金属的(　　)。

A. 强度和硬度　　B. 抗冲击能力强　　C. 强度和韧性　　D. 回转精度高

10. 金属的韧性通常随加载速度提高、温度降低、应力集中程度加剧而(　　)。

A. 变好　　B. 变差　　C. 无影响　　D. 难以判断

**三、判断题**

1. 当材料承受载荷数的冲击时,则材料的冲击韧性主要取决于材料塑性。(　　)
2. 随着含碳量的增加,钢的硬度、强度上升,塑性、韧性下降。(　　)
3. 金属材料的力学性能是评定金属材料质量的主要依据。(　　)
4. 零件的表面粗糙度值越低,疲劳强度越高。(　　)
5. 做拉伸试验时抗拉强度是指拉伸过程中的最大拉力。(　　)
6. 与钢相比,铸铁的缺点是硬度、塑性、韧性较低。(　　)
7. 金属材料的压力加工性能取决于材料的强度。(　　)
8. 刀具材料的硬度越高,强度和韧性越低。(　　)
9. 工件材料的塑性、韧性越好,刀具耐用度也越高。(　　)
10. 板料冲裁要经过弹性变形、塑性变形和分离 3 个阶段。(　　)

**四、多选题**

1. 下列关于塑性的描述正确的是(　　)。

A. 塑性是金属材料在交变载荷作用下产生永久变形而不被破坏的能力

B. 表征塑性优劣的主要力学性能指标是断后伸长率和断面收缩率

C. 塑性好的金属材料容易进行锻压、轧制等成形加工

D. 塑性可以用拉伸试样断裂时的最大相对变形量表示

2. 下列关于强度的描述正确的是(　　)。

A. 金属材料的强度指标有屈服强度和抗拉强度

B. 抗拉强度是指拉伸试样拉断前所承受的最大抵抗应力

C. 屈服强度分为上屈服强度和下屈服强度,一般情况下屈服强度指上屈服强度

D. 工地上使用的部分金属材料(高碳钢、铸铁等)在进行拉伸试验时没有明显的屈服现象

3. 下列关于硬度的描述正确的是(　　)。

A. 生产中常用的硬度有洛氏硬度、布氏硬度、维氏硬度

B. 常用的硬度中洛氏硬度应用最广

C. 硬度对机械零件的耐磨性有直接影响,金属材料的硬度值越高其耐磨性也越高

D. 硬度测定方法有压入法、划痕法、回弹高度法,其中压入法的应用最为普遍

4. 下列关于韧性的描述,正确的是(　　)。

A. 金属材料的韧性是在冲击载荷作用下进行的

B. 金属材料韧性的大小通常用吸收能量指标来衡量,采用夏比摆锤冲击试验方法进行

C. 夏比摆锤冲击试样有 V 形和 U 形缺口两种

D. 在夏比摆锤冲击试验中,同一种金属材料的试样缺口越深、越尖锐,吸收能量越大

5. 下列硬度标识是洛氏硬度的是(　　)。

A. HRB　　B. HRC　　C. HRD　　D. HV

# 练习题五

## 一、填空题

1. 硬度试验中,采用120°金钢石圆锥压头的是________硬度。

2. 材料韧性的试验是________试验。

3. 金属材料的________评定金属材料质量,也是金属构件设计时选材和进行强度计算的依据。

4. 锻锤的锤击是在________载荷作用下工作的。

5. 金属零件在使用条件下表现出来的性能是________。

6. ________是一项综合性能指标,从金属表面的局部压痕可反映金属的强度和塑性。

7. 我国第一本有关金属加工工艺方法的著作是________。

8. 金属材料的性能包括使用性能和工艺性能,而金属材料的使用性能包括________及________、________。

9. 硬度是指金属抵抗________压入其表面的能力,常用的硬度实验法有________硬度实验法、________硬度实验法和________硬度实验法。

10. 金属材料在________作用下,抵抗________和________的能力称为强度。

## 二、单选题

1. 金属材料在循环应力作用下,循环次数 $N$ 无穷大时所对应的(　　)称为疲劳强度。

A. 强度　　B. 韧性　　C. 最大应力值　　D. 塑性

2. 工件材料的强度、硬度越高,热导率就越低,加工时切削温度(　　)。

A. 无明显变化　　B. 越高　　C. 越低　　D. 不确定

3. 金属材料抵抗塑性变形或断裂的能力称为(　　)。

A. 塑性　　B. 硬度　　C. 强度　　D. 韧性

4. 做疲劳试验时,试样承受的载荷为(　　)。

A. 静载荷　　B. 冲击载荷　　C. 交变载荷　　D. 过载荷

5. 下列属于力学性能指标的是(　　)。

A. 热膨胀性　　B. 化学稳定性　　C. 疲劳强度　　D. 可锻性

6. 拉伸试验时,试样拉断前能承受的最大应力称为材料的(　　)。

A. 比例极限　　B. 抗拉强度　　C. 屈服强度　　D. 弹性极限

7. 力学性能中的(　　)是大多数机械零件选材和设计的依据。

A. 屈服强度　　B. 韧性　　C. 塑性　　D. 强度

8. 常用金属的塑性判断依据是断后伸长率和(　　)。

A. 硬度　　B. 强度　　C. 断面收缩率　　D. 屈服极限

9. 有一材料测量硬度为300 HBW,测量压头正确的是(　　)。

A. 硬质合金球　　B. 淬火钢球

C. 金刚石圆锥　　D. 金刚石正四棱锥

10. 硬度越高,材料的耐磨性越(　　)。

A. 好　　B. 中　　C. 差　　D. 无关

## 三、判断题

1. 强度是金属材料在冲击载荷作用下抵抗变形和破坏的能力。 (　　)
2. 室温下,金属晶粒越细,则强度越高,塑性越低。 (　　)
3. 力学性能又称为机械性能。 (　　)
4. 硬度是指金属材料抵抗局部变形,特别是塑性变形、压痕或划痕的能力。 (　　)
5. 布氏硬度主要检测半成品或成品的硬度。 (　　)
6. 洛氏硬度常用来检测原材料的硬度。 (　　)
7. 韧性是金属材料在断裂前吸收变形能量的能力。 (　　)
8. 金属材料的韧脆转变温度越低,说明低温抗冲击性越差。 (　　)
9. 金属材料的疲劳强度随着抗拉强度的提高而提高。 (　　)
10. 可锻性与金属材料的塑性和变形抗力无关。 (　　)

## 四、多选题

1. 下列关于疲劳的描述正确的是(　　)。
   A. 疲劳强度是指金属材料在无限多次交变载荷作用下而不被破坏的最大应力
   B. 大多数零件的损坏都是由疲劳造成的
   C. 疲劳断裂与静载荷作用下的断裂是相同的
   D. 疲劳断裂不产生明显的塑性变形,是突然发生的
2. 洛氏硬度 HRA 标尺中适合的测试材料包括(　　)。
   A. 硬质合金　　B. 表面淬火钢　　C. 退火钢　　D. 非铁金属
3. 下列措施中,能提高梁的抗弯曲能力的有(　　)。
   A 同样大小的截面积,将梁做成槽形或工字形截面梁
   B. 由外伸梁改成简支梁
   C. 采用变截面梁
   D. 只要材料强度大,其他因素可以不考虑
4. 金属材料的力学性能有(　　)。
   A. 强度　　B. 塑性　　C. 切削加工　　D. 硬度
5. 衡量金属材料力学性能的指标有(　　)。
   A. 硬度　　B. 强度　　C. 塑性　　D. 韧性
   E. 疲劳强度

## 练习题六

### 一、填空题

1. 200 HBW 表示________硬度，硬度值是________，压头是________。

2. 测定原材料常用________试验，测定淬火钢常用________试验。

3. 金属材料抵抗________载荷作用而________的能力，称为冲击载荷。

4. 布氏硬度值测量压痕________，洛氏硬度值测量压痕________，维氏硬度值测量压痕________。

5. 力偶可以在其作用面内________转移，而不改变它对刚体的作用效果。

6. 脆性材料从开始至拉断，________屈服阶段和颈缩现象。

7. 运用强度条件可以解决 3 类问题：计算零件的几何尺寸，校核零件的强度，确定________载荷。

8. 一般工程图样上常标注材料的________，作为零件检验和验收的主要依据。

9. 脆性材料从开始至拉断，应力和应变________。

10. 要提高梁的强度必须从 3 个方面考虑：选用合理的________形状提高弯截面系数；注意受力合理，降低最大________；根据材料性能和弯矩大小选择截面。

### 二、单选题

1. 大小不变或变化过程缓慢的载荷称为(　　)。

A. 静载荷　　B. 冲击载荷　　C. 交变载荷　　D. 动载荷

2. 下列材料中，力学性能最好的是(　　)。

A. HT100　　B. KTH300-06　　C. QT700-2　　D. KTZ700-02

3. 冲击韧性是指金属材料在冲击载荷的作用下抵抗(　　)。

A. 冲击　　B. 抗拉　　C. 抗压　　D. 破坏

4. 下列说法正确的是(　　)。

A. 塑性材料在拉压时，应力应变曲线在屈服阶段前基本一致

B. 由于脆性材料的应力应变曲线可见它没有屈服阶段，最终出现颈缩而拉断

C. 脆性材料常用来制作受拉件压杆件

D. 塑性材料受压时，会越压越扁。应力应变曲线上升到强度极限后，即被破坏

5. 承受交变载荷的机器零件应选择的材料(　　)。

A. 疲劳强度较好　　B. 密度较大　　C. 铸造性能较好　　D. 工艺性能较好

6. 韧性属于金属材料的(　　)性能。

A. 物理　　B. 化学　　C. 力学　　D. 较好工艺

7. 塑性材料在弹性阶段的应力与应变成正比的最大应力为(　　)极限。

A. 抗拉　　B. 比例　　C. 屈服　　D. 强度

8. 金属材料的伸长率和断面收缩率数值越大，表示材料的(　　)。

A. 硬度越大　　B. 导热性好　　C. 塑性差　　D. 塑性好

9. 金属的可锻性，由材料的(　　)和变形抗力来决定。

A. 强度　　B. 硬度　　C. 塑性　　D. 韧性

10. 维氏硬度的压头形状是 （ ）

A. 正四棱锥体 B. 球体 C. 圆柱体

## 三、判断题

1. 洛氏硬度值无单位。 （ ）
2. 做布氏硬度测试时，当试验条件相同时。其压痕直径越小，材料的硬度越低。 （ ）
3. 在实际应用中，维氏硬度值是根据测定压痕对角线长度再查表得到的。 （ ）
4. 各种不同标尺的洛氏硬度值可进行直接比较，因此应用方便。 （ ）
5. 维氏硬度值具有连续性，故可测定从很软到很硬的各种金属材料的硬度，准确性高。 （ ）
6. 金属材料的力学性能差异是由其内部组织所决定的。 （ ）
7. 金属在强大的冲击作用下，会产生疲劳现象。 （ ）
8. 金属的塑性越好、变形抗力越小，金属的锻造性能越好。 （ ）
9. 拉伸试验可以测定金属材料的强度、塑性等多项指标。 （ ）
10. 布氏硬度测量法宜用于测量成品及较薄零件。 （ ）

## 四、多选题

1. 下列不是静载荷符号的是（ ）。

A. Rel B. A11.3 C. Cor D. HRC

2. 我国古代将金属分为“五金”，以下属于“五金”的是（ ）。

A. 金 B. 银 C. 铜 D. 铝

3. 金属材料的力学性能包含 （ ）。

A. 强度 B. 密度 C. 硬度 D. 塑性

4. 在进行拉伸试验时，试样从开始拉伸到断裂要经过（ ）阶段。

A. 弹性变形 B. 屈服 C. 颈缩与断裂 D. 变形强化

E. 伸长

5. 下列材料中可用洛氏试验法来进行硬度测试的是（ ）。

A. 淬火钢球 B. 硬质合金 C. 铸铁 D. 表面镀化层

# 第二章　工程材料

## 练习题一　钢铁材料

### 一、填空题

1. 工程材料按其组成特点，可分成________、有机高分子材料、无机非金属材料和复合材料4大类。

2. 非合金钢按钢中碳的质量分数可分为________、________、________3类。

3. 碳素结构钢的主要质量等级可分为________、________、________、________4类。

4. 在非合金钢中，按钢的用途可分为________、________两类。

5. T12A钢，按用途分类，属于________；按碳的质量分数分类，属于________；按主要质量等级分类，属于________。

6. 45钢，按用途分类，属于________钢；按碳的质量分数分类，属于________；按主要质量等级分类，属于________。

7. 低合金钢按主要质量等级分为________、________、________。

8. 合金钢按主要质量等级可分为________和________。

9. 超高强度钢按化学成分和强韧化机制分类，可分为________、________、________、________。

10. 高速工具钢是用于制作________或________速切削工具的高碳合金钢。

11. 不锈钢化学成分的特点是铬的质量分数高，一般$\omega_{Cr}$ ________ 10.5%。

12. 不锈钢按其使用时的组织特征分为________钢、________钢、________钢、________钢和________钢。

13. 钢的耐热性包括________和________两个方面。

14. 常用的低温钢主要有________钢、________钢和________钢。

15. Q235-A·F钢是表示屈服强度________230 MPa、质量等级是________级的碳素结构钢，其中的F表示________钢。

### 二、单选题

1. 08F牌号中，08表示其平均碳的质量分数为(　　)。

A. 0.08%　　　B. 0.8%　　　C. 8%

2. 普通、优质和特殊质量非合金钢是按(　　)进行区分的。

A. 主要质量等级　　　B. 主要性能

C. 使用特征　　　D. 前三者综合考虑

3. 碳素工具钢可用于制造(　　)。
A. 砂轮片　B. 模具　C. 齿轮　D. 桥梁
4. 下列是碳素结构钢的是(　　)。
A. YG20　B. H08MnA　C. Q235A　D. ZG200-400
5. 木工工具一般用(　　)材料制作。
A. T8　B. T10　C. T12　D. T12A
6. 锉刀、钻头一般用(　　)钢制作。
A. T8　B. T10　C. T12　D. 45#
7. 稀土元素的表达符号是(　　)。
A. RE　B. RL　C. Rel　D. RU
8. 下列是桥梁用钢的是(　　)。
A. Q345HP　B. Q345R　C. Q390G　D. Q420Q
9. 坦克的履带板由(　　)钢制作而成。
A. 耐热钢　B. 工具钢　C. 特殊物理性能钢　D. 高锰耐磨钢
10. 需要水韧处理的钢材是(　　)。
A. 合金渗碳钢　B. 合金调质钢　C. 滚动轴承钢　D. 高锰耐磨钢
11. 滚动轴承钢不能用于制作(　　)。
A. 量具　B. 模具　C. 低合金刃具　D. 丝锥
12. 不锈钢平均铬元素的质量分数不低于(　　)。
A. 9.2%　B. 11.5%　C. 10.5%　D. 1.2%
13. 钢铁及合金牌号统一代号体系简称(　　)。
A. ISO　B. CIS　C. ICS　D. ISC
14. 某机械零件要求有较高的强度和韧性，一般选用(　　)制造。
A. 低碳钢　B. 中碳钢　C. 高碳钢　D. 中高碳钢
15. 下列牌号中属于优质碳素结构钢的是(　　)。
A. 60Si2Mn　B. T8　C. 35#　D. 9SiCr
16. 40Cr 是常用的(　　)。
A. 合金调质钢　B. 合金渗碳钢
C. 滚动轴承钢　D. 以上答案都不对
17. 20Cr 是常用的(　　)。
A. 合金调质钢　B. 合金渗碳钢
C. 滚动轴承钢　D. 以上答案都不对
18. W18Cr4V 是(　　)的牌号。
A. 高速工具钢　B. 滚动轴承钢
C. 碳素钢　D. 以上答案都不对
19. GCr15 钢的平均含 Cr 量为(　　)%。
A. 0.15%　B. 1.5%
C. 15%　D. 以上答案都不对

20. 40MnVB 中的硼元素的主要作用是(　　)。

A. 强化铁素体　　B. 提高回火稳定性　　C. 提高淬透性　　D. 以上答案都对

## 三、判断题

1. T10 钢碳的质量分数是 10%。(　　)
2. 高碳钢的质量优于中碳钢,中碳钢的质量优于低碳钢。(　　)
3. 碳素工具钢都是优质钢或者高级优质钢。(　　)
4. 3CrW8V 一般用来制作冷作模具。(　　)
5. 碳素工具钢中碳的质量分数一般都大于 0.7%。(　　)
6. 一般工程用铸造碳钢广泛用于制造形状复杂,又有较高力学性能要求的机械零件。(　　)
7. GCr15 是滚动轴承钢,其铬的质量分数是 15%。(　　)
8. Cr12MoVA 是不锈钢。(　　)
9. 40Cr 是常用的合金调质钢之一。(　　)
10. 低温钢是指用于制作工作温度在 0 ℃以下的零件和结构件的钢种。(　　)
11. 在机械制造中,硬质合金主要用于制作切削刀具、冷作模具、量具及耐磨零件。(　　)
12. 易切削钢主要用于制作受力较小、不太重要的大批生产的标准件,如螺钉、螺母等。(　　)
13. Q420A 是屈服强度≥420 MPa,质量等级是 A 级的低合金高强度结构钢。(　　)
14. Cr12 和 10Cr17 都是合金工具钢,适合于制作冷作模具。(　　)
15. 含碳量小于 5%的钢属于低合金钢。(　　)
16. Q235 属于碳素结构钢。(　　)
17. 1Cr18Ni9 属于不锈钢。(　　)

# 练习题二　钢铁材料

## 一、填空题

1. ZG230-450 表示屈服强度________230 MPa、抗拉强度________450 MPa 的一般工程用铸造碳钢。

2. W18Cr4V 钢是常用的________钢，其突出特点是具有较高的________性。

3. 模具分为________作模具和________作模具，3Cr2W8V 钢属于________模具。

4. 按冶炼浇注时脱氧剂与脱氧程度分类，碳钢分为________、________、________和________。

5. 16Mn 钢中的 Mn 元素主要作用是________。

6. 20CrMnTi 属________钢（类别），可制作________；T10 属________，可制作________；

7. 45 钢属________，可制作________；W18Cr4V 属________钢，可制作________。

8. T12 钢按用途分属于________，按质量分属于________。

9. 常用的不锈钢有________和________。

10. 根据工作条件不同，模具钢又可分为________、________和塑料模具用钢等。

11. 合金按照用途可分为________、________、________和________4 类。

12. 硬质合金是指将一种或多种难熔金属________和金属黏结剂，通过________工艺生产的一类合金材料。

13. 金属材料通常分为________和________。

14. 钢铁材料可分为________、________、________、________。

15. 工程材料按其特性可分为________和________。

## 二、单选题

1. 用于制造渗碳零件的钢称为（　　）。

A. 结构钢　　B. 合金钢　　C. 渗碳钢　　D. 工具钢

2. 合金发生固溶强化的主要原因是（　　）。

A. 晶格类型发生了变化　　B. 晶粒细化

C. 晶格发生畸形　　D. 晶界面积发生变化

3. 机械制造中，T10 钢常用来制造（　　）。

A. 容器　　B. 刀具　　C. 轴承　　D. 齿轮

4. GCr15SiMn 钢的含铬量是（　　）。

A. 15%　　B. 1.5%　　C. 0.15%　　D. 0.015%

5. 常用不锈钢有铁素体不锈钢、奥氏体不锈钢、马氏体不锈钢和（　　）。

A. 铁素体—奥氏体不锈钢　　B. 马氏体—奥氏体不锈钢

C. 莱氏体不锈钢　　D. 贝氏体不锈钢

6. 在 $Fe-Fe_3C$ 和图中，奥氏体冷却到 ES 线时开始析出（　　）。

A. 铁素体　　B. 珠光体　　C. 二次渗碳体　　D. 莱氏体

7. 下列材料中适合制造弹簧的是（　　）。

A. 40Cr　　B. GCr15　　C. 60Si2Mn　　D. 1Cr18Ni9

8. 下列(  )材料最适合用于制造形状复杂的整体刀具的材料。

A. 铸铁　　B. 硬质合金　　C. 高速钢　　D. 高锰钢

9. 用来制造受力复杂的重要零件,具有良好的综合力学性能,可选用金属材料(  )。

A. 45　　B. 40Cr　　C. 20Cr　　D. ZGMnB

10. 某汽车制造厂要给汽车变速齿轮选材,最合适的材料是(  )。

A. T8　　B. 5CrMnMo　　C. 20CrMnTi　　D. 60Si2Mn

11. 普通、优质、高级优质钢是按钢的(  )进行划分的。

A. 含碳量　　B. Mn 和 Si 的含量　　C. S 和 P 的含量　　D. 用途

12. 下列钢中(  )是铸造用钢。

A. 40Gr　　B. ZG40Gr　　C. GGr15　　D. 60Si2Mn

13. 合金钢要充分显示出良好的特性,必须进行(  )。

A. 渗碳　　B. 渗氮　　C. 加工硬化　　D. 热处理

14. 力学性能要求较高的钢质零件,其毛坯应选用(  )。

A. 铸件　　B. 锻件　　C. 型材　　D. 焊件

15. 在下列材料中,制造小弹簧宜选用(  )。

A. 08F　　B. 45#　　C. 65Mn　　D. T12A

16. 氧气瓶、氢气瓶及液化气瓶等压力容器采用的材料是(  )。

A. Q345R　　B. 45#　　C. T10　　D. GCr15SiMn

17. 下列牌号中属于合金工具钢的是(  )。

A. 3Cr13　　B. 3Cr2W8V　　C. GCr15SiMn　　D. 50CrVA

18. 下列(  )材料适合用于制造主轴、连杆等重要零件。

A. T10A　　B. HT200　　C. ZGMn13　　D. 40Cr

19. 在易切削钢中,常适当提高(  )的含量,可增加钢的脆性,以便断屑。

A. S、P　　B. Si、Mn　　C. S、Mn　　D. P、Si

20. 低碳钢做成的 $d_o=10$ mm 的圆形短试样经拉伸试验,得到如下数据 $F_s=21\ 100$ N,则低碳钢的 $\sigma$ 为(  )MPa。

A. 268.8　　B. 235.2　　C. 267.3　　D. 305.6

21. 低碳钢做成的 $d=10$ mm 的圆形短试样经拉伸试验,得到如下数据:$F_b=34\ 500$ N,则 $\sigma$ 为(  )MPa。

A. 439.5　　B. 236.2　　C. 267.8　　D. 205.6

**三、判断题**

1. 渗碳体的含碳量是 6.69%。 (  )
2. 合金钢只有经过热处理,才能显著提高其力学性能。 (  )
3. 所有的合金元素都能提高钢的淬透性。 (  )
4. 滚动轴承钢只能用于制造轴承。 (  )
5. T7 碳素工具钢的含碳量为 7%。 (  )
6. 含碳量越高,钢的硬度越高。 (  )
7. Q235-A · F 表示抗拉强度为 235 MPa 的 A 级沸腾钢。 (  )
8. 碳素工具钢主要用于制作各种车刀、铣刀和刨刀。 (  )

9. 碳素工具钢的碳含量都大于0.7%,碳素结构钢的碳含量都小于0.7%。 (　　)

10. 加入合金元素后会使钢材的强度、硬度及综合性能得到提高,但是合金元素的作用多要通过热处理才能发挥出来。 (　　)

11. 碳钢的塑性和强度都随着含碳量的增加而降低。 (　　)

12. T10钢碳的质量分数是10%。 (　　)

13. 低碳钢的强度、硬度低,但具有良好的塑性、韧性及焊接性能。 (　　)

14. 碳素钢中的Si、Mn等元素由于能提高钢的强度、硬度,且Mn易于与S形成MnS,因此Si、Mn元素属于有益元素。 (　　)

15. 3Cr2W8V钢的平均含碳量为0.3%,属于合金结构钢的范畴。 (　　)

16. 杂质元素磷对钢性能的危害主要是产生热脆。 (　　)

**四、多选题**

1. 下列属于工具钢的是(　　)。

A. T10A　　B. W18Cr4V　　C. 60Si2Mn　　D. 4CrW2Si

2. 钢材中除含有碳、铁元素之外,还含有少量的其他元素;下列元素中有害元素有(　　)。

A. Si　　B. S　　C. P　　D. Mn

E. H

3. 碳素钢按用途分为(　　)。

A. 碳素工具钢　　B. 高级优质钢　　C. 优质钢　　D. 碳素结构钢

4. 工具钢按用途可分为(　　)。

A. 刃具钢　　B. 硬质合金　　C. 模具钢　　D. 量具钢

5. 碳素工具钢主要用于制造(　　)。

A. 零件　　B. 刃具　　C. 模具　　D. 量具

# 练习题三 钢铁材料

## 一、填空题

1. 非合金钢是以________为主要元素。

2. 非合金钢按质量等级可分为________、________和________。

3. 解释 Q355NHC 的含义是____________________。

4. 60Si2Mn 表示________、________、________的合金结构钢。

5. 合金元素在钢中的主要作用有:(1)强化铁素体;(2)________;(3)________;(4)________;(5)________提高钢的回火稳定性。

6. 20CrMnTi 是合金________钢,CrWMn 是合金________钢。

7. T8MnA 是________,其中"A"的含义是________。

8. 高速工具钢是用于制作________或________速切削工具(如车刀、铣刀、麻花钻头、齿轮刀具、拉刀等)的高碳合金钢。

9. 不锈钢的化学成分特点是铬的质量分数高,一般 $W_{Cr}$ ________ 10.5%,可防止钢材的整个表面被氧化和腐蚀。

10. 钢的牌号 Q235-AF 表示屈服强度为________ MPa、质量等级为________级的________钢。

11. 3Cr2W8V 钢属于________模具钢。

12. 钢材按化学成分可分为________、________、________。

13. 20CrMnTi 是常见的________钢,其平均含碳量为________,热处理一般为________。

14. 硫是钢中的________元素,常以 FeS 形式存在,使钢变脆,这种现象称为________性。

15. GCr15 钢中含 Cr 量为________。

## 二、单选题

1. 含碳量对铁碳合金性能的影响正确的是(　　)。
   A. 随着含碳量的增多,钢的强度上升　B. 随着含碳量的增多,钢的强度下降
   C. 随着含碳量的增多,钢的硬度下降　D. 随着含碳量的增多,塑性和韧性上升

2. 65Mn 是(　　)。
   A. 碳素结构钢　B. 碳素工具钢　C. 优质碳素结构钢

3. ZGMn13(　　)。
   A. 属于调质钢　B. 在强烈冲击和摩擦时可加工硬化
   C. 常用的热处理是淬火+回火　D. 常用的热处理是退火

4. T12A 是(　　)。
   A. 碳素结构钢　B. 碳素工具钢
   C. 优质碳素结构钢　D. 高级优质碳素工具钢

5. 磷硫对铁碳合金性能的影响是(　　)。
   A. 都是冷脆　B. 都是热脆
   C. 硫是冷脆,磷是热脆　D. 磷是冷脆,硫是热脆

6. 低碳钢含碳量≤(　　)。
A. 0.25%　　B. 0.35%　　C. 0.45%　　D. 0.15%
7. 碳素结构钢可以采用(　　)。
A. 只有低碳钢　　B. 只有中碳钢
C. 高碳钢　　D. 低碳钢或中碳钢
8. 合金结构钢主要用于制造(　　)。
A. 各种量具　　B. 各种机器零件和工程构件
C. 各种模具　　D. 各种刃具
9. 60Si2Mn 含碳量是(　　)。
A. 百分之六　　B. 万分之六十　　C. 百分之六十　　D. 千分之六十
10. 1Cr13 含碳量是(　　)。
A. 1%　　B. 0.01%　　C. 10%　　D. 0.1%
11. W6Mo5Cr4V2 平均含铬量约为(　　)。
A. 4%　　B. 0.04%　　C. 40%　　D. 0.4%
12. GCr15 平均含铬量约为(　　)。
A. 15%　　B. 0.15%　　C. 0.015%　　D. 1.5%
13. 滑动轴承合金(　　)。
A. 减摩不耐磨　　B. 耐磨不减摩
C. 减摩又耐磨　　D. 不耐磨也不减摩
14. 硬质合金(　　)。
A. 硬度高　　B. 热硬性较差　　C. 韧性好　　D. 容易切削加工
15. 08F 钢中的平均含碳量为(　　)。
A. 0.08%　　B. 0.8%　　C. 8%
16. 普通、优质和高级优质钢是按钢的(　　)进行划分的。
A. 力学性能的高低　　B. 质量等级　　C. 含碳量　　D. 脱氧方法
17. 下列牌号中属于工具钢的有(　　)。
A. 20#　　B. 65Mn　　C. T10A　　D. 45#
18. 选择制造下列零件的材料:锤子(　　)。
A. 08F　　B. 45#　　C. 65Mn　　D. T7
19. 选择与材料对应的零件:Q345R 钢(　　)。
A. 压力容器　　B. 连杆　　C. 板簧　　D. 汽车减速齿轮
20. 下列牌号中是含 Cr、Ni 元素的高耐候钢的是(　　)。
A. Q355NHC　　B. Q345GNHL　　C. Q345GNH　　D. Q345NH

## 三、判断题

1. 一般情况下,钢中的杂质 Mn 与 Si 是有益元素,P 与 S 是有害元素。(　　)
2. 碳素工具钢一般具有较高的碳的质量分数。(　　)
3. 钳工锯削 T10 钢比锯削 10 钢费力。(　　)
4. 碳素钢是含碳量小于 4.3% 的铁碳合金。(　　)
5. 低合金高强度结构钢的强韧性比含碳量相同的碳钢好。(　　)

6. 调质钢 40Cr 平均含碳量为 0.4%。 (  )

7. 低合金刃具钢 9SiCr 平均含碳量为 9%。 (  )

8. 不锈钢 0Cr19Ni9 平均含碳量为 0%。 (  )

9. 高碳铬滚动轴承钢 GCr15 平均含铬量为 15%。 (  )

10. 冷作模具钢 Cr12MoV 平均含碳量小于 1.5%。 (  )

11. 因为含碳量过低,强度和硬度低,含碳量过高,塑性、韧性差,所以调质钢的含碳量为 0.25%~0.5%。 (  )

12. 含碳量相同的前提下,含有碳化物形成元素的合金比碳素钢的强度高。 (  )

13. 合金元素的加入无法强化铁素体。 (  )

14. 合金元素的加入可以提高高碳钢的淬透性和回火稳定性。 (  )

15. 冷作模具钢的化学成分、热处理特点与合金刃具钢相似。 (  )

16. ZGMn13 在任何条件下都耐磨。 (  )

17. 耐磨钢常用的热处理是水韧处理。 (  )

**四、多选题**

1. 钢材中(  )含量的高低也是评价钢材冶炼质量高低的主要指标。

A. 碳　B. 硫　C. 磷　D. 锰

2. 船舶用钢主要用于制造海船和内河船舶船体结构用钢,通常要求材料是(  )。

A. 优质碳素钢　B. 优质低合金钢

C. 高合金钢　D. 优质碳素工具钢

3. 下列属于冷变形模具钢的是(  )。

A. Cr12　B. Cr12MoV　C. 3Cr2W8V　D. 5CrNiMo

4. 下列关于碳素钢的描述正确的是(  )。

A. 碳素结构钢牌号用两位数字表示,代表碳含量的千分数

B. 碳素工具钢的平均含碳量在 0.7%以上,都是优质钢或高级优质钢

C 碳素钢中硅、锰是有益元素,硫、磷为有害元素

D. 碳素工具钢牌号用一位数字表示,代表碳含量的千分数

5. 合金钢按用途可分为(  )。

A. 合金结构钢　B. 合金调质钢　C. 合金工具钢　D. 特殊性能钢

# 练习题四　钢铁材料

## 一、填空题

1. 按含碳量分，碳素钢可分为：________；含碳量是 Wc<0.25%。中碳钢：含碳量是 *Wc* = 0.25%~0.6%. 高碳钢：含碳量是 *Wc*>0.6%。

2. 合金可以分为：合金结构钢、合金工具钢、________。

3. 按用途分，碳素钢可以分为：________、________。

4. T10 钢的含碳量是________，属于________钢。

5. 球化退火主要用于________钢。

6. 钢材常见的有益杂质元素有________和________。

7. 牌号 H08MnA 中“H”表示焊接，“08”表示________，“Mn”的含量为________，“A”表示________。

8. 硫是钢中的________元素，常以 FeS 形式存在，使钢变脆，这种现象称为________性。

9. 调质钢应选________钢，渗碳钢应选________钢。

10. Q235AF 表示屈服强度=________ MPa，质量为________级的________钢。

11. 一般工程用铸造碳钢的平均碳的质量分数一般为________。

12. 优质碳素结构钢可细分为________钢、________钢、________钢、________钢。

13. 含碳量低于 0.021 8%的黑色金属称为________。

14. 按钢的质量等级分类，GCr15SiMnA 属于________合金钢。

15. 金属材料一般包括________和________两类。

16. 在牌号 6Cr13 中，铬元素的含量为________。

## 二、单选题

1. 下列钢号中，合金模具钢为(　　)。

A. 40Cr　　B. Cr12MoV　　C. 60Si2Mn　　D. 38CrMoAl

2. 欲制造汽车、拖拉机变速齿轮，选(　　)为宜。

A. 20CrMnTi　　B. ZGMn13　　C. 40Cr　　D. QT500-05

3. 欲夹持工件进行锯削，应使用(　　)。

A. 台虎钳　　B. 划线平台　　C. 钢锯　　D. 划针

4. 制造球磨机衬板，挖掘机铲齿等选用(　　)钢为宜。

A. 5CrNiMo　　B. ZGMn13-2　　C. T7　　D. 60Si2Mn

5. 制造高精度丝锥，选(　　)为宜。

A. CrWMn　　B. 4Cr13　　C. 5CrNiMo　　D. T12

6. 选择下列零件的材料：机床床身(　　)。

A. HT200　　B. QT500-05　　C. KTH350-10

7. 3Cr2W8V 是常见的合金钢，在(　　)制造中用得较多。

A. 模具　　B. 刃具　　C. 渗碳件　　D. 轴承

8. T12A 钢的碳的质量分数为(　　)。

A. 0.012%　　B. 0.12%　　C. 1.2%　　D. 12%

9. 下列牌号是高速工具钢的是(　　)。

A. GCr15　　B. W18Cr4V　　C. 68Cr17　　D. Cr12MoV

10. 08F 钢牌号中,08 表示其平均碳的质量分数为(　　)。

A. 0. 08%　　B. 0. 8%　　C. 8%　　D. 80%

11. 适用于机车车辆、建筑、塔架材料的是(　　)。

A. 低合金高强度结构钢　　B. 高合金钢

C. 高耐候钢　　D. 耐候钢

12. 属于合金调质钢的是(　　)材料。

A. 20Cr　　B. 40Cr　　C. 4Cr9Si2　　D. 4Cr13

13. 下列钢材中属于合金钢的是(　　)。

A. 20　　B. 40Cr　　C. ZG200-400　　D. T10

14. 最常用来制造轴的材料是(　　)。

A. 20#　　B. 45#　　C. 40Cr　　D. 38CrMoAl · A 钢

15. 滚动轴承的最高级精度是(　　)。

A. P2　　B. P5　　C. P0　　D. P6

16. 下列牌号中属于合金工具钢的是(　　)。

A. 3Cr13　　B. 3Cr2W8V　　C. GCr15SiMn　　D. 50CrVA

17. 硬质合金刀具材料可耐(　　)的高温。

A. 250~300 ℃　　B. 500~600 ℃　　C. 800~1 000 ℃　　D. 1 400~1 500 ℃

18. GCr15 钢中铬的质量分数为(　　)。

A. 0. 15%　　B. 1. 5%　　C. 15%　　D. 1%

19. ZG310-570 铸钢中的 570 表示(　　)。

A. 抗拉强度　　B. 断后伸长率　　C. 硬度　　D. 屈服强度

20. 材料 ZPbSb10Sn16Cu2 是(　　)。

A. 合金铸铁　　B. 锡基轴承合金　　C. 铅基轴承合金　　D. 铜合金

21. YW1 属于(　　)硬质合金。

A. 钨钴类　　B. 钨钛钴类

C. 钨钽钴类　　D. 钨钛钽(铌)钴类

**三、判断题**

1. 结构钢能作刃具钢。(　　)

2. 工具钢能作结构钢。(　　)

3. 低碳钢、变形铝合金等塑性良好的金属适合于塑性加工。(　　)

4. 金属在外力作用下产生的变形都不能恢复。(　　)

5. 一般合金钢的淬透性优于与之相同成分含碳量的碳钢。(　　)

6. 在铁碳合金相图中,钢的部分组织随含碳量的增加,内部组织发生变化,则其塑性和韧性指标随之提高。(　　)

7. Cr12MoV 是不锈钢。(　　)

8. GCr15 钢是高碳铬轴承钢,其铬的质量分数是 15%。(　　)

9. 非合金钢中碳的质量分数越少,可锻性越差。(　　)

10. Cr12MoVA 钢是不锈钢。 (　　)
11. 合金钢是多种钢混合而成的混合物。 (　　)
12. 钢中的杂质元素会引起钢的“冷脆”。 (　　)
13. T10 钢的碳的平均质量分数是 10%。 (　　)
14. 除 Fe、C 外还含有其他元素的钢就是合金钢。 (　　)
15. 40Cr 是最常用的合金调质钢。 (　　)
16. 合金工具钢都是高级优质钢。 (　　)

## 四、多选题

1. 下列关于合金调质钢的描述正确的是(　　)。
   A. 按含碳量分类,合金调质钢属于中碳钢
   B. 合金调质钢具有良好的综合力学性能
   C. 合金调质钢主要用于重载、受冲击条件下工作的零件
   D. 40Cr 是合金调质钢中最常用的一种
2. 下列关于硬质合金的描述正确的是(　　)。
   A. 钨钴类硬质合金比钨钴钛类强度、韧性低,钨钴类适宜切削脆性材料
   B. 常用硬质合金按成分和性能特点可分为钨钴类、钨钴钛类、通用类
   C. 钨钴钛类硬质合金适宜切削韧性材料的刀具
   D. 通用类硬质合金用于切削不锈钢、耐热钢、高锰钢等难加工钢材的刀具
3. 下列关于合金钢的描述正确的是(　　)。
   A. W18Cr4V、W6Mo5Cr4V2 属于合金工具钢中的高速钢
   B. 机械制造用钢可分为渗碳钢、调质钢、弹簧钢和滚动轴承钢
   C. 滚动轴承钢具有高硬度、高耐磨性,其中合金元素 Cr 的含量为 15%
   D. 合金钢按用途可分为合金结构钢、合金工具钢和特殊性能钢
4. 下列属于工具钢的是(　　)。
   A. 2Cr13　　B. T12　　C. W6Mo5Cr4V2　　D. 16Mn
5. 可用于汽车、拖拉机等机械的高速轴上的轴承合金有(　　)。
   A. 铅基巴氏合金　　B. 高锡铅基轴承合金
   C. 锡基巴氏合金　　D. 铝、锑、镁轴承合金
6. 关于轴承 61721 下列说法正确的是(　　)。
   A. 深沟球轴承　　B. 尺寸系列代号 17
   C. 轴承系列代号 617　　D. 内径 105 mm

# 练习题五　钢铁材料

## 一、填空题

1. 碳素钢按用途分为________和________。

2. 合金工具钢分为________、________、________、________等。

3. 45 钢的含碳量是________，9SiCr 的含碳量________。

4. 材料 20CrMnTi 要求表面具有高硬度和高耐磨性，心部具有较高的强度和足够的韧性，采用________、________、________可满足要求。

5. 钨钴类硬质合金（YG）主要用于加工________、________及________。

6. 纯铁是________的基本成分，是柔韧的银白色金属。

7. 铁素体的晶体结构为________。

8. 非合金钢按其用途可分________钢和________钢。

9. T12A 按用途分类属于________钢，按含碳量分类属于________钢，按质量分类属于________钢。

10. 机械制造中，常用的特殊性能钢包括________、________和________。

11. W18Cr4V 是________钢，当其切削温度高达 600 ℃时，它仍能保持高硬度和________，即具有高的________。

12. 常见的轴承合金有________基、________基和________基轴承合金。

13. 1Cr13 中平均含铬量为________，GCr15 中含铬量为________。

14. 合金钢按主要用途分为________、________、________。

15. 合金钢，就是在________的基础上加入其他元素的钢。

16. 20CrMnTi 表示平均含碳量为________，CrWMn 表示平均含碳________。

## 二、单选题

1. 下列材料中，（　　）较适宜制造麻花钻。

A. W18Cr4V　　B. 20CrMnT　　C. 40Cr　　D. GCr15

2. 下列属于高级优质钢的是（　　）。

A. Q235A　　B. T8　　C. 60Si2Mn　　D. 9SiCr

3. 4Cr9Si2 是（　　）材料。

A. 合金结构钢　　B. 不锈钢　　C. 抗氧化钢　　D. 热强钢

4. 合金调质钢碳的质量分数一般为（　　）。

A. 0~0.25%　　B. 0.25%~0.3%　　C. 0.25%~0.5%　　D. 0.25%~0.6%

5. 下列材料中，含碳量最高的是（　　）。

A. Q195　　B. 30　　C. T7　　D. 不能确定

6. 20CrMnTi 是应用最广的（　　）钢。

A. 工程结构钢　　B. 弹簧钢　　C. 合金渗碳钢　　D. 合金钢

7. 下列材料中，属于高碳钢的是（　　）。

A. Q235　　B. HT200　　C. T11　　D. 65

8. 低碳钢的拉伸曲线中发生非塑性变形的阶段是(　　)。
A. 弹性阶段　　B. 屈服阶段　　C. 强化阶段　　D. 颈缩阶段
9. 以下常用于制造螺钉、垫圈等零件的碳钢为(　　)。
A. 20#　　B. 70#　　C. 60Mn　　D. 20CrMnTi
10. 按用途与其他 3 种钢不属于同一类型的是(　　)。
A. 08F　　B. 35#　　C. 60Mn　　D. Q275
11. 最适合用于制造形状复杂、综合力学性能要求较高的零件可采用(　　)。
A. KTH300-06　　B. 40Cr　　C. ZGMn13　　D. ZG35SiMn
12. 下列不是弹簧功用的是(　　)。
A. 控制机构运动　　B. 缓冲、吸振　　C. 储能、测力　　D. 支承作用
13. 下列表示桥梁用钢的是(　　)。
A. Q345R　　B. Q390G　　C. Q120Q　　D. Q195
14. 合金结构钢 60Si2Mn 的含碳量是(　　)。
A. 6.0%　　B. 0.6%　　C. 2%　　D. 0.2%
15. 下列牌号是合金钢的是(　　)。
A. 45#　　B. Q345　　C. T8A　　D. 9SiCr
16. 特别适合高速切削的常用刀具材料是(　　)。
A. 合金工具钢　　B. 高速钢　　C. 硬质合金
17. 制造钻头应选用的材料是(　　)。
A. 45#　　B. 65Mn　　C. T12　　D. Q235
18. 碳钢是指含碳量小于 2.11%的铁碳合金,其中还含有少量的 Mn、P、S、Si 等元素,能产生热脆性的元素是(　　)。
A. Mn　　B. P　　C. S　　D. Si
19. 下列碳钢牌号中属于中碳钢的是(　　)。
A. T10　　B. 40#　　C. 65Mn　　D. Q255
20. Q235-A · F 是普通碳素结构钢,F 表示(　　)。
A. 半镇静钢　　B. 镇静钢　　C. 沸腾钢　　D. 特殊镇静钢

**三、判断题**

1. 碳素工具钢都是优质或高级优质钢,有害元素含量较少。(　　)
2. 3Cr2W8V 的平均含碳量为 0.3%,所以它是合金结构钢。(　　)
3. Cr15 是滚动轴承钢,可以制造滚动轴承的钢球、内外套圈。(　　)
4. 碳素工具钢的碳的平均质量分数一般都大于 0.7%。(　　)
5. 16Mn 的含碳量为 0.16%,是较高含锰量的优质碳素结构钢。(　　)
6. 滚珠轴承钢不可以用来制造其他零件,只能制造滚珠轴承。(　　)
7. 某工厂用 65 钢制造一批弹簧,做最后几个弹簧时,发现 65 钢用完了,就用 45 钢代替。(　　)
8. 杂质元素磷对钢性能的危害主要是产生脆性。(　　)
9. 一般情况下,钢中的杂质 Mn 与 Si 是有害元素,P 与 S 是有益元素。(　　)
10. 碳素工具钢一般具有较高的碳的质量分数。(　　)

11. 高碳钢的质量优于中碳钢，中碳钢的质量优于低碳钢。（　　）
12. 在不带冲击切削的情况下、硬质合金的耐用度比高速钢的好。（　　）
13. 高速钢车刀因其具有较高的韧性，故可用于高速车削。（　　）
14. Q275 和 Q295 表示的是碳素结构钢。（　　）
15. 金属材料在高温下保持硬度的能力称为热硬性。（　　）
16. 若钢中含有铁、碳以外的其他合金元素，则该钢就称为合金钢。（　　）
17. 工具钢都是高碳钢。（　　）
18. 60Si2Mn 的淬透性好于 60 钢，而两者淬硬性相同。（　　）

## 四、多选题

1. 合金钢按质量等级可分为（　　）。
A. 普通质量合金钢　B. 优质合金钢　C. 特殊质量合金钢　D. 合金专业用钢
2. 下列材料中，适合制造船舶的是（　　）。
A. 优质低合金钢　B. 普通质量低合金钢
C. 优质碳素钢　D. 高碳钢
3. 常用的硬度测定方法有（　　）。
A. 压入法　B. 布氏硬度　C. 划痕法　D. 回弹高度法
E. 洛氏硬度
4. 下面合金钢中，属于特殊质量合金钢的是（　　）。
A. 合金调质钢　B. 滚动轴承钢　C. 合金渗碳钢　D. 合金工具钢
5. 下列材料中，为钢铁材料的有（　　）。
A. 铸铁　B. 建筑用钢材　C. 机械加工用钢材　D. 白口铸铁
6. 合金调质钢主要用于制作（　　）。
A. 机床主轴　B. 发动机轴　C. 传动齿轮　D. 连杆

# 练习题六　钢铁材料

## 一、填空题

1. ________钢是合金调质钢中最常用的一种。

2. 铸钢有________钢和________钢两种。

3. T1、T2、T12A,属于钢的牌号是________。

4. 合金钢、碳素工具钢一般都为________高碳钢。

5. 按用途分,碳钢分为________钢、________钢。

6. ZG40Cr 表示________铸钢。

7. 在机械工程上常用的材料有________材料、________材料、________材料。

8. 钢铁材料是________的统称。

9. 应用最多的普通碳素结构钢牌号是________。

10. 根据化学成分,钢分为________钢、________钢和________钢。

11. 钢铁是以________为主要元素,含碳量一般在________以下并含有其他元素的材料。

12. 45 钢表示平均含碳量为________的________结构钢。

13. 在选择金属材料时,应考虑其条件的________温度必须________金属材料的韧脆转变。

14. 工程材料按其使用性能,可分为________和________。

15. 合金工具钢是指用于制造各种________、________用钢的总和。

16. 合金模具钢按使用条件不同分为________、________和塑料模具钢。

## 二、单选题

1. 用于制造受热不大的手工锯可选下列(　　)材料。

A. T10　　B. T7　　C. T13　　D. T8

2. 飞轮一般选用下列(　　)材料制造。

A. Q195　　B. 45#　　C. T12　　D. ZG230-460

3. 常用来测量有色金属和铸铁的硬度指标是(　　)。

A. HB　　B. HV　　C. HRA　　D. HRC

4. 下列钢材料中切削性能最好的是(　　)。

A. T8　　B. 40#　　C. 20#　　D. Q255

5. 下列钢材料中最适合生产薄板、薄带的是(　　)。

A. 08#　　B. 40#　　C. 20#　　D. 60#

6. 下列钢中属于合金结构钢的是　(　　)。

A. GrWMn　　B. 14MnMoV　　C. 4Gr9Si2　　D. 45#

7. 对于 Q340,下列说法正确的是(　　)。

A. 普通碳素结构钢　　B. 焊接性良好

C. 强度为 340 MPa 合金元素含量在 2.5% 以上

8. 轴承的滚珠应选用(　　)。

A. 1Cr18Ni9　　B. 40Cr　　C. GCr15　　D. ZGMn13

9. 滚动轴承钢 GCr15 的铬含量为(　　)。

A. 0.015%　　B. 0.15%　　C. 1.5%　　D. 15%

10. 制造切削速度较高、负载较重、形状复杂的刃具用(　　)钢。

A. W18Cr4V　　B. 9SiCr　　C. T12A　　D. ZG230-460

11. 下列属于热作模具钢的是(　　)。

A. Cr12MoV　　B. 9SiCr　　C. 9Mn2V　　D. 5CrMnMo

12. 下列钢中称为微变形钢的是(　　)。

A. CrWMn　　B. 1Cr18Ni9Ti　　C. 40Cr　　D. W18Cr4V

13. 生产储酸罐选择下列钢中的(　　)。

A. W18Cr4V　　B. 1Cr18Ni9Ti　　C. Cr12MoV　　D. CrWMn

14. 下列称为锅炉用钢的是(　　)。

A. 1Cr18Ni9　　B. 1Cr18Ni9Ti　　C. 20G　　D. 20CrMnTi

15. 下列牌号中常用来制造低速柴油机轴承和轴瓦的是(　　)。

A. ZChSnSb11-6　　B. ZChPbSn-6　　C. ZPbSb15Sn10　　D. 铝基轴承合金

16. 下列牌号中表示钨钴类硬质合金的是(　　)。

A. YG　　B. YT　　C. YA　　D. YW

17. 不属于钨钛钴类硬质合金主要成分的是(　　)。

A. WC　　B. TiC　　C. Co　　D. TaC

18. YT30 硬质合金刀具,牌号中 30 表示(　　)的质量分数。

A. 钛　　B. 钴　　C. 碳化钨　　D. 碳化钛

**三、判断题**

1. T12 钢可选作渗碳零件用钢。(　　)

2. 滚动轴承钢中铬的加入量为 0.4%~1.65%。(　　)

3. 钢的铸造性比铸铁好,故常用来铸造形状复杂的工件。(　　)

4. GCr9 中的 C 质量百分数为 9%。(　　)

5. 钢与铸铁含碳量的分界点是 2.11%。(　　)

6. Q235Q 专用于焊接桥梁的钢。(　　)

7. 碳在 γ-Fe 中的溶解度比在 α-Fe 中的溶解度小。(　　)

8. 碳素钢是指含碳量小于 2.11%的铁碳合金,其中还含有少量的 Mn、P、S、Si 等元素,其中有益元素为 Si、S。(　　)

9. 含硫量小于 0.04%的碳素钢为优质钢。(　　)

10. 普通碳素结构钢质量等级可分为四级,其中 A 级等级最高。(　　)

11. Q235 表示最低抗拉强度为 235 MPa。(　　)

12. T10A 表示平均含碳量为 1%的高级优质碳素工具钢。(　　)

13. 合金钢是在普通钢的基础上添加适量的一种或多种金属合金元素的钢。(　　)

14. 合金调质钢含碳量为 0.1%~0.5%,常用的热处理为淬火加高温回火。(　　)

15. 金属材料在高温下保持高硬度的能力称为红硬性,高速钢的红硬性是在 600 ℃还可以保持在 50HRC 以上。(　　)

16. 低合金工具钢和高速钢的最终热处理一般都是淬火加低温回火。(　　)

17. 冷作模具钢的含碳量一般比热作模具钢的含碳量高。（　　）

18. 合金收缩经历 3 个阶段，其中液态收缩是铸件产生内应力、变形和裂纹的主要原因。（　　）

## 四、多选题

1. 下列材料中，应当用 HRA 标尺进行硬度测试的是（　　）。
   A. 硬质合金　B. 退火钢　C. 铸铁　D. 表面淬火件

2. T10 钢用于制作（　　）等。
   A. 冲头　B. 锯条　C. 板牙　D. 钻头

3. 下列选项属于碳素结构钢的是（　　）。
   A. Q195　B. Q235AF　C. Q275A　D. Q390A

4. （　　）在进行拉伸试验时，没有明显的屈服现象，也不会产生颈缩现象。
   A. 低碳钢　B. 高碳钢　C. 铸铁　D. 铝合金

5. 刀具切削部分材料必须具有的性能是（　　）。
   A. 高的硬度　B. 良好的强度和韧性
   C. 良好的耐磨性　D. 良好的工艺性及经济性

6. 用于制造轴承的材料是（　　）。
   A. Q235　B. GCr15　C. 9SiCr　D. ZSnSb11Cu6

# 练习题七 铸铁

## 一、填空题

1. 根据铸铁中碳的存在形式，铸铁分为________、________、________、________、________。

2. 可锻铸铁是由一定化学成分的________，经可锻化________，使________，分解获得团絮状石墨的铸铁。

3. 常用的合金铸铁有________铸铁、________铸铁、________铸铁等。

4. KTH330－08 中的 KT 表示________，H 表示________，330 表示________，08 表示________。

5. KT300-06 表示________。

6. 根据石墨的形态不同，铸铁可分为________、________、________和________ 4 种类型。

7. ZG200-400 中“ZG”表示________，数字 400 表示________。

8. QT450-10 的含义是______________，KTH300-06 表示______________。

9. 铸铁中________的过程称为石墨化，影响石墨化的主要因素有________和________。

10. 钢的质量高低是按________的含量多少来分。

11. 普通灰铸铁、可锻铸铁、球墨铸铁及蠕墨铸铁中石墨的形态分别为________、________、________和________。

12. 金属元素在钢中形成的碳化物可分为________、________两类。

13. 铸铁的力学性能主要取决于________的组织和石墨的基体、形态________以及分布状态。

14. 根据铸铁在结晶过程中的石墨化程度不同，铸铁可分为________、________和麻口铸铁 3 类。

15. 铸铁在凝固过程中需要经历________。

16. 碳在铸铁中的存在形式有________和________。

17. 影响铸铁石墨化最主要的因素是________和________。

18. 灰铸铁中碳主要以________的形式存在，呈________状，这种铸铁可以制造________。

19. 可锻铸铁中石墨呈________状，这种铸铁可以制造________。

## 二、单选题

1. 制造质量小、导热性好、耐腐蚀的气缸体，可选择(　　)。

A. ZCuZn98　　B. ZAlSi7Mg　　C. ZG270-500　　D. QT400-15

2. 金属材料的组织中有蠕虫状石墨形态的是(　　)。

A. 白口铸铁　　B. 蠕墨铸铁　　C. 合金铸铁　　D. 稀土

3. 下列牌号属于可锻铸铁的是(　　)。

A. KTH330-08　　B. RUT300　　C. HT200　　D. KmTBCr20Mo

4. (　　)是蠕墨铸铁的牌号。

A. HT150　　B. QT600-2

C. RuT260　　D. 以上答案都不对

5.(　　)的断口呈灰黑色。

A. 马口铁　　B. 白口铸铁　　C. 麻口铸铁　　D. 灰铸铁

6. 可锻铸铁中的团絮状石墨(　　)。

A. 由白口铸铁经高温退火从渗碳体分解而得到

B. 直接从液体中结晶而得

C. 由灰口铸铁经锻造而得

D. 上述说法都不对

7. 制造自来水管的弯头、接头、三通应选用(　　)。

A. 可锻铸铁　　B. 灰口铸铁　　C. 球墨铸铁　　D. 白口铸铁

8. 制造柴油机曲轴应选用(　　)。

A. 可锻铸铁　　B. 灰口铸铁　　C. 球墨铸铁　　D. 白口铸铁

9. 可锻铸铁应理解为(　　)。

A. 锻造成形的铸铁　　B. 可以锻造的铸铁　　C. 具有一定的塑性和韧性的铸铁

10. 为促进铸铁石墨化,可采用下述方法(　　)。

A. 提高 W(C)、W(Si),提高冷却速度

B. 增加 W(C)、W(Si),降低冷却速度

C. 降低 W(C)、W(Si),提高冷却速度

D. 降低 W(C)、W(Si),降低冷却速度

11. HT100、KTH300-06、QT400-18 的力学性能各不相同,主要原因是它们的(　　)不同。

A. 基体组织　　B. 碳的存在形式　　C. 石墨形态　　D. 铸造性能

12. 从灰铸铁的牌号可以看出它的(　　)指标。

A. 硬度　　B. 韧性　　C. 塑性　　D. 强度

13. 用于制造柴油机曲轴,减速箱齿轮及轧钢机轧辊的铸铁为(　　)。

A. 可锻铸铁　　B. 球墨铸铁　　C. 灰口铸铁　　D. 白口铸铁

14. 灰口铸铁适合于制造床身、机架、底座、导轨等结构,除了铸造性和切削性优良外,还因(　　)。

A. 抗拉强度好　　B. 抗压强度好　　C. 冲击韧性好

15. 下列合金中,流动性最好的是(　　)。

A. 普通灰铸铁　　B. 铸钢　　C. 可锻铸铁

**三、判断题**

1. 可锻铸铁比灰铸铁的塑性好,因此可以进行锻压加工。　(　　)

2. 厚壁铸铁件的表面硬度总比其内部高。　(　　)

3. 灰铸铁中的石墨主要以片状石墨存在。　(　　)

4. 铸铁中的 C、Si 是促进石墨化的元素。　(　　)

5. 铸铁冷却速度越快越有利于石墨化。　(　　)

6. 铸铁就是碳基合金。　(　　)

7. 可锻铸铁中的石墨以片状形式存在。　(　　)

8. 灰铸铁的热处理只改变基体组织,不能改变石墨的形态和分布。　(　　)

9. QT600-3 表示 $Rm \geq 600$ MPa、$A \geq 3\%$的球墨铸铁。　(　　)

10. 铸钢比铸铁的力学性能好,但铸造性能差。（　　）
11. 白口铸铁中碳少量溶于铁素体,其余碳均以渗碳体的形式存在于铸铁中。（　　）
12. 灰铸铁中的碳主要以球状石墨形态存在于金属基体中。（　　）
13. 可锻铸铁的碳以球状石墨的形态存在于金属基体中。（　　）
14. 灰铸铁可通过热处理强化。（　　）
15. 灰铸铁的热处理可采用去应力退火消除内应力小。（　　）
16. 灰铸铁的热处理可采用高温退火改善切削加工性能。（　　）

# 练习题八　铸铁

## 一、填空题

1. 当铸件收缩受阻时，就可能发生应力变形、________等缺陷，因此如轮形铸件的轮辐应设计为________数或做成弯曲形状。

2. 石墨以片状存在的铸铁是________。

3. 切削铸铁材料，一般应用________类硬质合金。

4. 球化处理是铁水浇铸前加入少量________，使石墨以球状析出。

5. 灰铸铁中石墨以________存在，在生产实际中为提高其性能，改善石墨的形态和数量，常采用________工艺。

6. 按用途分，铸铁可分为灰铸铁、________、蠕墨铸铁、________、________。

7. 灰铸铁中的碳主要以________状石墨形态存在于金属基体中，断口呈________。

8. 白口铸铁中碳少量溶于铁素体，其余碳均以________的形式存在于铸铁，其断面呈银白色，硬而脆，很难进行切削加工。

9. 球墨铸铁的碳主要以________石墨的形态存在于金属基体中，其力学性能高于灰铸铁，而且还可通过热处理方法进行强化，生产中常用于制作受力大且重要的铸件、

10. 蠕墨铸铁的碳以________石墨的形态存在于金属基体中，其力学性能介于灰铸铁和球墨铸铁之间。

11. 可锻铸铁的碳以________石墨的形态存在于金属基体中，韧性和塑性高于灰铸铁，接近于球墨铸铁。

12. 灰口铸铁基体组织有________、________和铁素体、莱氏体、奥氏体。

13. C、Si 是石墨化的________。

14. 铸铁中碳的存在形式有________和________两种，其中后者强度、塑性、韧性都很低。

15. 含碳量大于________%的铁碳合金统称为铸铁。

16. 影响铸铁石墨化的因素是________和________。

17. 铸铁中强烈促进石墨化的元素是________和________。

18. 铸铁是碳的质量分数________的铁碳合金，根据铸铁中石墨形态的不同，铸铁可为________、________、________和蠕墨铸铁。

## 二、单选题

1. 在下列铸造合金中，自由收缩率最小的是(　　)。

A. 铸钢　　B. 灰铸铁　　C. 白口铸铁

2. 灰铸铁中石墨以(　　)存在。

A. 片状　　B. 团絮状　　C. 棒状　　D. 球状

3. 铸铁中的碳以石墨的形态析出的过程称为(　　)。

A. 石墨化　　B. 球化处理　　C. 变质处理　　D. 孕育处理

4. 球墨铸铁具有较好的力学性能，常用于制作(　　)。

A. 曲轴　　B. 床身　　C. 床头箱　　D. 排气管

5. 下列有关石墨对铸铁性能影响的说法,不正确的是(　　)。

A. 石墨使铸铁具有优良的铸造性能

B. 石墨使铸铁具有优良的减振性能

C. 石墨降低了铸铁的塑性

D. 石墨降低了铸铁的抗压、抗拉强度

6. 铸铁中(　　)的质量分数越大越容易石墨化。

A. 磷　　B. 硅　　C. 碳和硅　　D. 磷和硅

7. 机床床身、床头箱及各类机器的底座一般使用(　　)制造。

A. 球墨铸铁　　B. 蠕墨铸铁　　C. 灰铸铁　　D. 可锻铸铁

8. 含碳量在(　　)以上的铁碳合金称为铸铁。

A. 1%　　B. 2.11%　　C. 3%　　D. 4%

9. 影响铸铁性能的主要元素是(　　)。

A. C 和 Mn　　B. Mn 和 Si　　C. C 和 Si　　D. Si 和 P

10. 铸铁中碳以渗碳体存在的是(　　)。

A. 灰铸铁　　B. 可锻铸铁　　C. 白口铸铁　　D. 球墨铸铁

11. CA6140 车床床身由(　　)制造。

A. HT250　　B. KTH330-08　　C. QT400-15　　D. RuT420

12. 下列材料中常用于制造力学性能较好的传动轴的是(　　)。

A. HT250　　B. KTH330-08　　C. QT500-7　　D. RuT420

13. 汽车、拖拉机上的前后轮壳常用(　　)制造。

A. HT250　　B. QT500-7　　C. RuT420　　D. KTH370-12

14. 排气管选用(　　)制造。

A. RuT300　　B. QT7002　　C. KTH350-10　　D. HT300

**三、判断题**

1. 球墨铸铁的力学性能比其他铸铁都高。(　　)

2. 球墨铸铁能通过热处理强化。(　　)

3. 可锻铸铁可锻造加工。(　　)

4. 白口铸铁硬度高,可作刀具材料。(　　)

5. 灰铸铁不能淬火和回火。(　　)

6. 铸钢比铸铁的力学性能好,但铸造性能差。(　　)

7. 石墨在铸铁中是有害无益的。(　　)

8. 球墨铸铁的综合力学性能优于灰铸铁。(　　)

9. 在铸铁中力学性能最好的是灰口铸铁。(　　)

10. 可锻铸铁比灰铸铁塑性好,可进行锻造加工。(　　)

11. 石墨的存在破坏了基体组织的连续性,所以石墨在铸铁中是有害无益的。(　　)

12. 可锻铸铁的力学性能优于灰口铸铁,它与灰口铸铁相比,低温冲击性能较差。(　　)

13. 铸铁与钢相比力学性能较差,但是因为石墨的存在,而表现出良好的铸造性、减震性及低缺口敏感性。(　　)

14. 白口铸铁很少直接使用,断口呈黑灰色,切削加工困难。(　　)

## 四、多选题

1. 以石墨形式存在的铸铁有(　　)。

A. 白口铸铁　　B. 灰铸铁　　C. 球墨铸铁　　D. 可锻铸铁

E. 蠕墨铸铁

2. 铸铁不能进行(　　)等成形加工。

A. 车削　　B. 锻造　　C. 轧制　　D. 拉丝

3. 以石墨形式存在的铸铁有(　　)。

A. 白口铸铁　　B. 灰铸铁　　C. 球墨铸铁　　D. 可锻铸铁

4. 可锻铸铁主要用于制作有一定强度、塑性和韧性要求的(　　)。

A. 薄壁铸件　　B. 大型铸件　　C. 小型铸件　　D. 厚大铸件

5. 化学成分对石墨化有很大影响,强烈促进石墨化的元素是(　　)。

A. 碳　　B. 硫　　C. 锰　　D. 硅

6. 下列关于球墨铸铁的描述中,正确的是(　　)。

A. 球墨铸铁中的碳以团絮状石墨的形式存在

B. 球墨铸铁的牌号含义包括最低抗拉强度和最低断后伸长率

C. 球墨铸铁的综合力学性能好,常用于制造受力复杂,强度、硬度、韧性和耐磨性要求较高的零件

D. 球墨铸铁兼有铸铁和钢的优点,可代替合金钢、可锻铸铁等材料

7. 下列属于合金铸铁的是(　　)。

A. 灰铸铁　　B. 耐磨铸铁　　C. 耐热铸铁　　D. 球墨铸铁

# 练习题九 非铁金属

## 一、填空题

1. 纯铝是银白色的轻金属,________(2.7 g/cm³)小,________(600 ℃)低,纯铝具有良好的________形和导热性,其导电性和导热性仅次于银和铜。

2. 变形铝合金包括________铝、________铝、________铝和________铝。

3. 铸造铝合金主要有________系、________系、________系、________系。

4. 目前工业上使用的铜及其合金主要有________纯铜、________铜、________铜及白铜。

5. 普通黄铜是________二元合金;在________黄铜中加入其他元素形成的铜合金称为特殊黄铜。

6. 滑动轴承合金有________基、________基、________基、________基。

7. 锡基滑动轴承合金是以________为基,加入________、铜等元素组成的滑动轴承合金。

8. 加入钛合金,按其使用组织状态不同可分为________型钛合金、________型钛合金和________型钛合金。

9. 硬质合金按用途范围不同,可分为________用硬质合金、________用硬质合金、________用硬质合金。

10. 铜合金根据生产方法的不同,可分为________铜合金和________铜合金两类。其中H68 属于________黄铜,ZCuZn38 属于________黄铜。

## 二、单选题

1. 某一金属材料的牌号为 T3,它是(　　)。
   A. 碳的质量分数为 3%的碳素工具钢
   B. 3 号加工铜
   C. 3 号工业纯钛

2. 某一金属材料的牌号为 QTi3.5,它是(　　)。
   A. 钛青铜　　B. 球墨铸铁　　C. 钛合金

3. 铸造铝合金分为 4 类,其中(　　)是铸造铝硅合金。
   A. ZAlCu5Mn　　B. ZAlSi2　　C. ZAlMg10　　D. ZAlCuZn11Si7

4. 制造油箱和防腐蚀蒙皮,可选择(　　)。
   A. LF2(5A02)　　B. LY12(2A12)　　C. LC4(7A04)　　D. LD7(2A70)

5. 下列金属材料中属于锡青铜的是(　　)。
   A. QSn4-3　　B. QAl7　　C. HPb59-1　　D. ZSnSb11Cu66

6. 下列牌号不是铝合金的是(　　)。
   A. 7A04　　B. AL-SI　　C. 5A21　　D. H90

7. 黄铜的颜色是(　　)。
   A. 玫瑰红　　B. 紫红色　　C. 金黄色　　D. 青黄色

8. 根据金属铝的密度,它属于(　　)。
   A. 贵金属　　B. 重金属　　C. 轻金属　　D. 稀有金属

9. 黄铜、青铜和白铜的分类是根据(　　)。
A. 合金元素　B. 密度　C. 颜色　D. 主加元素
10. 黄铜是以(　　)为主加元素的铜合金。
A. 铅　B. 铁　C. 锡　D. 锌
11. 铜及铜合金属于(　　)。
A. 天然材料　B. 金属材料　C. 复合材料　D. 合成材料
12. 以下轴承合金用于低速柴油机等轴承上的为(　　)。
A. 铝锑镁轴承合金　B. ZchPbSb15-5-3　C. ZchSnSb12-4-10　D. 以上都不对
13. 黄铜的组成是(　　)。
A. 铜锌组成的合金　B. 铜镍组成的合金
C. 铜锡组成的合金　D. 铜铅组成的合金
14. 白铜的组成是(　　)。
A. 铜镍组成的合金　B. 铜锌组成的合金
C. 铜锡组成的合金　D. 铜铅组成的合金
15. 防锈铝合金(　　)。
A. 强度很高　B. 耐腐蚀
C. 塑性和焊接性不好　D. 能热处理强化
16. 硬铝合金(　　)。
A. 强度与高强度钢接近　B. 耐腐蚀
C. 塑性很好　D. 不能热处理强化
17. 锻造铝合金(　　)。
A. 强度与超高强度钢接近　B. 不耐腐蚀
C. 热塑性较差　D. 渗碳

**三、判断题**

1. 铝合金经过冷变形加工或热处理,其抗拉强度可进一步提高到 400 MPa 以上。(　　)
2. 特殊黄铜是不含锌元素的黄铜。(　　)
3. TA7 表示 7 号 $\alpha$ 型钛合金。(　　)
4. 黄铜是铜与锌的铜合金。(　　)
5. TA2 是质量等级为 2 的工业纯钛。(　　)
6. H70 表示铜的质量分数为 70%的黄铜。(　　)

# 练习题十 非铁金属

## 一、填空题

1. 根据铝合金成分和工艺特点,可将铝合金分为________和________两大类。

2. 纯 Al 的主要强化方法是________(加工硬化),Al-Cu 合金的主要强化方法是________(固溶强化)。

3. 铝合金的时效方法可分为________和________两种。

4. 黄铜分为普通________和________,硬质合金可分为________、________硬质合金。

5. 铝合金的淬火称为________,铝合金淬火后需________才能达到最终的力学性能。

6. 常用铜合金中,________是以锌为主加合金元素,________是以镍为主加合金元素。

7. 铜属于________晶格类型,铁的同素异晶体中________异晶体也属于该类型。

8. 铸造铝合金分为________系、________系、________和铝镁系。

9. 白铜是________合金;黄铜是以________为主加元素的铜合金,它分为________黄铜和________黄铜。

## 二、单选题

1. 铝合金的强化是(　　)。

A. 固溶热处理+时效　B. 水韧处理+加工硬化　C. 正火　D. 渗碳

2. 铜锌合金是(　　)。

A. 黄铜　B. 白铜　C. 锡青铜　D. 无锡青铜

3. 铜镍合金是(　　)。

A. 黄铜　B. 白铜　C. 锡青铜　D. 无锡青铜

4. 下列牌号中(　　)属于普通黄铜。

A. ZCuZn16Si4　B. HPb59-1　C. H62　D. ZCuSn10Zn2

5. H62 是(　　)中强度最高的一种,用于制造机械零件。

A. 黄铜　B. 青铜　C. 紫铜　D. 白铜

6. 人类历史上应用最早的一种合金,我国古代遗留下来的一些古镜、鼎便是由(　　)制作而成。

A. 普通黄铜　B. 铅黄铜　C. 普通青铜　D. 锰黄铜

7. Al99 表示含铝(　　)。

A. 99%　B. 0.99%　C. 99.99%　D. 9.9%

8. H70 表示含锌(　　)。

A. 70%　B. 30%　C. 100%　D. 40%

9. 下列选项中不属于有色金属的是(　　)。

A. 铁　B. 铬　C. 锰　D. 铝

10. 下列牌号中不属于紫铜的是(　　)。

A. T1　B. T7　C. T3　D. T4

11. 有海军黄铜之称的是(　　)。

A. H90　B. HSn70-1　C. HMn58-2　D. H59-3

12. 以铜为基体，以镍为主加元素的铜合金称为(    )。
A. 紫铜 B. 白铜 C. 黄铜 D. 青铜
13. 铸造形状复杂、壁厚变化大的器件常选用(    )。
A. 锡青铜 B. 铝青铜 C. 铍青铜 D. 硅青铜
14. 铸造铝合金有良好的铸造性能，牌号常用“ZL”加三位数字表示，其中第一位表示合金系别，“3”表示(    )。
A. 铝硅系 B. 铝铜系 C. 铝镁系 D. 铝锌系
15. 易拉罐常用(    )制造。
A. LF B. LY C. LC D. LD
16. 常用来制造飞机大梁的铝合金是(    )。
A. LF B. LY C. LC D. LD
17. 变形铝合金中强度最好的铝合金是(    )。
A. LF B. LY C. LC D. LD
18. 铸造铝合金中常用来制作较大载荷和形状不复杂的砂型铸件的是(    )。
A. 铝硅系 B. 铝铜系 C. 铝镁系 D. 铝锌系

## 三、判断题

1. T4、T7 是含铜量分别为 96%、93%的纯铜。 (    )
2. GCr9 中的 Cr 质量百分数为 9%。 (    )
3. 铝合金时效处理时，时效温度越高，则时效过程越快，而强化效果越好。 (    )
4. H62 比 H68 强度高、塑性低。 (    )
5. 紫铜是一种耐蚀性极好的铜合金材料。 (    )
6. 青铜是以锡为主要添加元素的铜合金。 (    )

## 四、多选题

1. 纯铝主要用于(    )。
A. 熔炼铝合金 B. 制作电线、电缆 C. 制作电器元件 D. 汽车部件
2. 主要作用是能耐大气腐蚀的金属材料有(    )。
A. 纯铝 B. 耐候钢 C. 铸铁 D. 非合金钢
3. 下列关于铜合金的说法中，正确的是(    )。
A. 根据生产方法的不同，铜合金分为加工铜合金和铸造铜合金两大类
B. H70 表示铜的质量分数为 70%，锌的质量分数为 30%
C. 黄铜是以铜为基体，以锌为主加元素的铜合金，是特殊黄铜
D. 青铜是指主加元素为锌、镍以外元素的铜合金
4. 下列关于铝合金的描述中，正确的是(    )。
A. 铝合金按工艺特点可分为形变铝合金和铸造铝合金
B. 锻铝合金属于铸造铝合金
C. 铸造铝合金与变形铝合金相比，其具有良好的铸造性能，但塑性、韧性较低，不可压力加工
D. 形变铝合金是通过压力加工使其组织、形状发生变化的铝合金，防锈铝、硬铝、超硬铝都属于形变铝合金
5. 下列材料中，为有色金属材料的是(    )。
A. 铝合金 B. 橡胶 C. 青铜 D. 轴承合金

# 练习题十一　新型工程材料

## 一、填空题

1. 特殊物理性能钢包括________、________、________和________等。

2. 塑料是指以________为主要成分，加入其他________剂，在一定温度与压力下塑制成型的材料或制品的总称。

3. 根据树脂在加热和冷却时所表现的性质，塑料分为________塑料和________塑料两类。

4. 橡胶是以________为基体并加入适量________剂制成的高分子材料。

5. 生胶使用的胶黏剂是采用________橡胶和________橡胶。

6. 早期使用的胶黏剂是采用________胶液，由于其黏合性能差，应用受到限制，现代胶结技术多采用________胶黏剂。

7. 胶黏剂按流变性质分类，可分为________胶黏剂、________胶黏剂和________胶黏剂。

8. 陶瓷制品的生产一般都要经历________、________、________。

9. 陶瓷材料具有________高、抗压强度高________、耐磨损、耐腐蚀和抗氧化性能好等特征。但是，陶瓷________较大，没有延展性，经不起碰撞，耐急冷急热性较差。

10. 陶瓷材料按其成分和结构可分为________陶瓷和________陶瓷。

11. 复合材料按增强剂种类和结构形式的不同，可分为________增强复合材料、层叠增强复合材料和________增强复合材料。

12. 超导材料一般分为超导________、超导________、超导________ 3 大类。

13. 陶瓷作为结构材料用来制造结构零部件，主要利用其________和________性能。

14. 传统陶瓷以________为原料，经________、________后经________的一类制品。

15. 玻璃强化的方式有________和________两种。

16. 塑料按热行为可分为________和________。

17. 物理气相沉积薄膜的方法主要有________、________和________ 3 种。

18. 工程中常用的特殊物理性能钢有________、________、________。

19. 目前，用树脂砂制芯时主要有 3 种硬化方式，即________、________和________。

20. 壳型工艺中，型砂所用的黏结剂是________树脂，潜硬化剂为________。

21. 塑料是以________为基础，再加入一些用来改善使用性能和工艺性能的________制成的高分子材料。

22. 按合成树脂的性能，塑料分为________和________。

23. 热塑性塑料通常为线型结构，能溶于有机溶剂，加热可________，故易于加工成形；冷却后变硬，当再次受热时又软化并能反复使用。

24. 热固塑料通常为网线型结构，不溶于________，固化后重复加热不再软化和熔融，不能再成形使用。

25. 按使用范围分类，塑料可分为________、________和________。

26. 复合材料按其增强相可分为纤维增强复合材料、________复合材料及层叠复合材料。

## 二、单选题

1. 铅在常温下的变形属于(　　)。

A. 冷变形　　B. 热变形

C. 弹性变形　　D. 既有冷变形也有热变形

2. 金属铁在(　　)以上不能被磁化。

A. 912 ℃　　B. 770 ℃　　C. 1 394 ℃　　D. 1 538 ℃

3. 下列关于塑料的特点中,叙述不正确的是(　　)。

A. 密度小、强度与刚度低　　B. 热膨胀系数大

C. 绝缘性好　　D. 耐热性好

4. 酚醛塑料和 ABS(　　)。

A. 都不能磨碎重用

B. 都能磨碎重用

C. 酚醛塑料不能磨碎重用,ABS 能磨碎重用

D. 酚醛塑料能磨碎重用,ABS 不能磨碎重用

5. 下列关于钢化玻璃塑料的特点中,叙述不正确的是(　　)。

A. 是普通玻璃经过高温淬火处理的特种玻璃　　B. 用于汽车前挡风玻璃

C. 用于汽车侧窗玻璃　　D. 用于汽车后窗玻璃

## 三、判断题

1. 无磁钢是指在电磁场作用下,不引起磁感或不被磁化的钢。(　　)

2. 软磁钢是指钢材容易被反复磁化,并在外磁场去除后磁性基本消失的钢材。(　　)

3. 塑料的主要成分是树脂。(　　)

4. 热固性塑料受热软化,冷却硬化,再次加热又软化,冷却又硬化,可多次重复。(　　)

5. 聚碳酸酯和 ABS 塑料都是热塑性塑料。(　　)

6. 玻璃钢是以玻璃纤维为增强剂,以热塑性树脂为基体构成的复合材料。(　　)

7. 造粒是为了有利于陶瓷坯料的压制成形,将原料细粉压制成粒度较粗、流动性好的团粒的过程。(　　)

8. 陶瓷材料混合的方法有机械混合法、球磨或搅拌混合法。(　　)

9. 氧化铝陶瓷具有很低的电阻率和低的导热率,是很好的电绝缘材料和绝热材料。(　　)

10. 陶瓷成形常用的方法有干法成形、流法成形和模压成形。(　　)

11. 陶瓷的激光打孔、切割、焊接等属于陶瓷热加工的一种。(　　)

12. 热塑性塑料不易于加工成形。(　　)

13. 热固塑料固化后重复加热不再软化和熔融,亦不溶于有机溶剂,不能再成形使用。(　　)

14. 玻璃钢的特点是价格低、来源丰富、工艺性能好、韧性好,但强度不高。(　　)

15. 轴瓦材料主要起耐磨作用及其他作用。(　　)

16. 钨钴类硬质合金(YG)因其韧性、磨削性能和导热性好,主要用于加工脆性材料、有色金属及非金属。(　　)

17. 陶瓷虽抗拉强度大,但急冷急热时性能较差。 (  )
18. 耐热钢一般分为抗氧化钢和热强钢,其中 1Cr18Ni9Ti 是常见的抗氧化钢。 (  )
19. 耐磨钢一般由高锰钢铸造成型,在任何条件下都耐磨。 (  )

**四、多选题**

1. 下列关于非金属材料的描述中,正确的是(  )。
   A. 常用的高分子材料包括塑料、橡胶、胶黏剂
   B. 塑料按热性能分类可分为热塑性塑料和热固性塑料两类
   C. 工程塑料具有耐高温、耐腐蚀等特殊性能,可代替金属或非铁金属制作机械构件
   D. 热固性塑料可反复加热回收利用
2. 下列材料中,属于非金属材料的有(  )。
   A. 钢化玻璃 B. 橡胶 C. 复合材料 D. 陶瓷
3. 耐热钢在高温下具有(  )作用。
   A. 抗氧化性 B. 耐磨性 C. 高温热强性 D. 耐腐蚀性

# 第三章　热处理

## 练习题一　热处理概述

**一、填空题**

1. 常见的金属晶格类型有________、________和________。

2. 根据采用的渗碳剂的不同，将渗碳分为________、________和________ 3 种。

3. 合金常见的相图有________、________、________和________的二元相图。

4. 因合金组元之间发生化学反应而形成的一种具有金属特性的物质称为合金化合物。其性能特点是硬度高、________高、________差。

5. 铁碳合金的基本组织有 5 种，它们是铁素体、奥氏体、渗碳体、________和________。

6. 铁碳合金的基本相是铁素体、________和________。

7. 在铁碳合金基本组织中属于固溶体的有铁素体和奥氏体，属于金属化合物的是渗碳体，属于混合物的是________和________。

8. 碳在奥氏体中溶解度随温度的不同而变化，在 1 148 ℃时碳的溶解度可达________，在 727 ℃时碳的溶解度可达________。

9. 铁碳合金相图表示在缓慢冷却和加热条件下，不同成分的铁碳合金的组织或________随________变化的图形。

10. 奥氏体 A，铁素体________，渗碳体________。

11. 珠光体 P，高温莱氏体________，低温莱氏体________。

12. 莱氏体是________和________的混合物。

13. 珠光体是________和________的混合物。

14. 合金中凡是________、________、________，并与其他部分有界面分开的均匀组成部分称为相。

**二、单选题**

1. 组成合金的最基本独立物质称为(　　)。

A. 相　　B. 组元　　C. 组织　　D. 以上答案都对

2. 金属发生结构改变的温度称为(　　)。

A. 临界点　　B. 凝固点　　C. 过冷度　　D. 以上答案都对

3. 合金固溶强化的主要原因是(　　)。

A. 晶格类型发生了变化　　B. 晶粒细化

C. 晶格发生了畸变　　D. 以上答案都对

4. 渗碳体的含碳量为(　　)。

A. 0.77%　　B. 2.11%　　C. 6.69%　　D. 以上答案都对

5. 珠光体的平均含碳量为(　　)。

A. 0.77%　　B. 2.11%　　C. 6.69%　　D. 以上答案都对

6. 铁碳合金共晶转变的温度是(　　)。

A. 727 ℃　　B. 1 148 ℃　　C. 1 227 ℃　　D. 以上答案都对

7. 含碳量为 1.2%的铁碳合金,在室温下的组织为(　　)。

A. 珠光体　　B. 珠光体加铁素体

C. 珠光体加二次渗碳体　　D. 以上答案都对

8. 从奥氏体中析出的渗碳体称为二次渗碳体,从液体中结晶出的渗碳体称为(　　)。

A. 一次渗碳体　　B. 二次渗碳体

C. 三次渗碳体　　D. 以上答案都不对

9. 铜只有通过冷加工并经随后加热才能使晶粒细化,而铁则不需冷加工,只需加热到一定温度即使晶粒细化,其原因是(　　)。

A. 铁总是存在加工硬化,而铜没有　　B. 铜有加工硬化现象,而铁没有

C. 铁在固态下有同素异构转变,而铜没有　　D. 铁和铜的再结晶温度不同

10. α-Fe 是具有(　　)晶格的铁。

A. 体心立方　　B. 面心立方

C. 密排六方　　D. 无规则几何形状

11. 含碳量为 1.0%的钢加热到 750 ℃的组织是(　　)。

A. P+F　　B. A+F　　C. $P+Fe_3C$　　D. $A+Fe_3C_2$

12. 共析钢的含碳量是(　　)。

A. 0.021%　　B. 0.77%　　C. 2.11%　　D. 7.7%

**三、判断题**

1. 奥氏体的强度、硬度不高,但具有良好的塑性。(　　)

2. 渗碳体是铁和碳的混合物。(　　)

3. 过共晶白口铸铁的室温组织是低温莱氏体加一次渗碳体。(　　)

4. 碳在奥氏体中的溶解度随温度的升高而减小。(　　)

5. 渗碳体的性能特点是硬度高、脆性大。(　　)

6. 含碳量在 0.15%和 0.35%的钢属于亚共析钢,在室温下组织均由珠光体和铁素体组成,所以它们的力学性能相同。(　　)

7. 金属在固态下都有同素异构转变。(　　)

8. 组成合金的组元必须是金属元素。(　　)

# 练习题二　热处理概述

## 一、填空题

1. 当温度低于 727 ℃时，莱氏体中的________转变为________。

2. 室温下的莱氏体是由________和________组成。

3. 含碳量 0.0218%～2.11%的铁碳合金称为钢。根据室温组织不同，钢又分为 3 类：________钢，其室温组织为 F 和 P；共析钢，其室温组织为________；过共析钢，其室温组织为珠光体和二次渗碳体。

4. 铁素体的性能特点是具有良好的________和________，而且强度和硬度很低。

5. 共析刚冷却到 S 点时，会发生共析转变，从奥氏体中同时析出________和________的混合物，称为________。

6. 过冷奥氏体等温转变曲线包括________、________和________ 3 个转变区域。

7. 钢的热处理一般由________、________、________ 3 个阶段组成。

8. 热处理能使钢的性能发生变化的根本原因是铁有________。

9. 冷处理的目的是________，此时发生的残余奥氏体的转变产物为________。

10. 上临界冷却速度是获得全部________的最________冷却速度。

11. 一般来讲，热处理不会改变被热处理工件的________。

12. 在共析钢等温转变曲线中，在 A1～550 ℃温度范围内转变产物为珠光体________和________。

13. 含碳量高的马氏体呈________状，含碳量低的马氏体呈________状。

14. 可以采用渗碳的零件一般为________或________材料。

## 二、单选题

1. 钢在加热时，判断过热现象的依据是(　　)。

A. 表面氧化　　B. 奥氏体晶界发生氧化或融化

C. 奥氏体晶粒粗大　　D. 晶格发生畸形

2. 钢的热硬性是指钢在高温下保持(　　)的能力。

A. 高强度　　B. 高强度和高韧性

C. 高抗氧化性　　D. 高强度和高耐磨性

3. 从金属学的观点来看，冷加工和热加工是以(　　)温度为界线区分的。

A. 结晶　　B. 再结晶　　C. 相变　　D. 25 ℃

4. 铁碳合金相图中的 A1 线是(　　)。

A. 共析线

B. 共晶线

C. 碳在奥氏体中的溶解度线

D. 缓慢冷却时从奥氏体中析出铁素体的温度线

5. 以下金属中属于密排六方晶格的是(　　)。

A. Cr　　B. α-Fe　　C. Zn　　D. Pb

6. 下列最适宜钢压力加工的组织是(　　)。
A. 回火马氏体　　B. 奥氏体　　C. 珠光体　　D. 渗碳体

7. 钢的淬硬性主要取决于钢的(　　)。
A. 含锰量　　B. 含硅量　　C. 含硫量　　D. 含碳量

8. 下列关于金属同素异构转变,说法错误的是(　　)。
A. 从固体转变到固体过程中发生的　　B. 转变过程中有过冷现象
C. 只有金属铁所特有的特性　　D. 转变时会产生较大的内应力

9. 铁素体与渗碳体的机械混合物是(　　)。
A. 珠光体　　B. 莱氏体　　C. 共晶渗碳体　　D. 索氏体

10. 过冷奥氏体是指冷却到(　　)温度以下,尚未转变的奥氏体。
A. Ms　　B. Mf　　C. A1　　D. A3

**三、判断题**

1. 莱氏体的平均含碳量是 2. 11%。　(　　)
2. 加热温度越高,越有利于 A 的形成。　(　　)
3. 当过冷奥氏体的转变温度为 500 ℃时能转变为珠光体。　(　　)
4. 钢的淬透性主要取决于冷却速度。　(　　)
5. 在热处理中变形和开裂都是不可避免的。　(　　)
6. 钢的晶粒因过热变粗时,就有变脆倾向。　(　　)

# 练习题三　热处理概述

## 一、填空题

1. 低碳钢渗碳后由表层至心部组织依次为________、________、原低碳组织和心部原始组织。

2. 材料渗碳的目的是得到________。

3. 20CrMnTi 钢中 20 表示________。

4. 常见的金属晶体类型有________晶格、________晶格和密排六方晶格 3 种。

5. 金属的整个结晶过程由________、________两个基本过程组成。

6. 根据溶质原子在溶剂晶格中所处的位置不同，固溶体分为________与________两种。

7. 常用的热处理加热设备有________电阻炉、________浴炉、________炉、________炉等。

8. 常用的冷却设备有________槽、________槽、盐浴、缓冷坑、吹风机等。

9. 整体热处理分为________、________、________和________。

10. 常用的冷却介质有________、________、________等。

11. 原子呈无序堆积状况的物体称为非晶体，原子呈有序、有规则排列的物体称为________，一般固态金属都属于________。

12. 在晶体中由一系列原子组成的平面，称为________。通过两个或两个以上原子中心的连线，可代表晶格空间排列的规律的直线，称为________。

13. 常见的金属晶格类型有体心立方晶格、面心立方晶格和密排六方晶格 3 种。铬属于体心立方晶格，铜属于________。

14. 晶体缺陷的存在会造成晶格畸变，使________增大，从而使金属的________提高。

## 二、单选题

1. 属于体心立方晶格的金属是(　　)。

A. 钨　　B. 铜　　C. 铝　　D. 镁

2. 铁碳合金组织中，溶碳量最大的组织是(　　)。

A. 铁素体　　B. 渗碳体　　C. 珠光体　　D. 莱氏体

3. 马氏体是碳在 α-Fe 中的过饱和固溶体。当奥氏体向马氏体转变时，体积要(　　)。

A. 快速收缩　　B. 不变　　C. 膨胀　　D. 缓慢收缩

4. 奥氏体是(　　)。

A. 碳溶解在 γ-铁中　　B. 碳溶解在 α-铁中

C. 渗碳体溶解在 γ-铁中　　D. 过饱和的 α-铁固溶体

5. 铁素体是(　　)。

A. 碳溶解在 γ-铁中　　B. 碳溶解在 α 铁中

C. 渗碳体溶解在 γ 铁中　　D. 过饱和的 α-铁固溶体

6. 马氏体是(　　)。

A. 由铁素体与渗碳体组成的　　B. 由珠光体与渗碳体组成的

C. 由奥氏体与渗碳体组成的　　D. 过饱和的 α-铁固溶体

7. 可以细化晶粒的方法是(　　)。

A. 提高冷却速度　B. 降低冷却速度　C. 提高升温速度　D. 降低升温速度

8. 晶体缺陷使金属的晶格发生(　　)。

A. 晶格畸变　B. 强度下降　C. 塑性上升　D. 韧性上升

9. 珠光体是(　　)。

A. 铁素体与奥氏体组成的混合物

B. 奥氏体与渗碳体组成的混合物

C. 铁素体与渗碳体组成的混合物

D. 铁素体、奥氏体与渗碳体组成的混合物

10. 珠光体的析出温度是(　　)。

A. 液相线与共析线之间的温度　B. 共晶温度

C. 共晶线与共析线之间的温度　D. 共析温度

**三、判断题**

1. 珠光体、索氏体、屈氏体都是片层状的铁素体和渗碳体混合物,所以它们的力学性能相同。(　　)

2. 金属化合物晶格类型完全不同于任一组的晶格类型。(　　)

3. 共析钢的含碳量是 0.77%。(　　)

4. 铁碳合金的基本相是铁素体和奥氏体。(　　)

5. 硫是钢中的有害元素,可造成钢的冷脆性。(　　)

6. 结晶与同素异构转变都有一个恒温的过程。(　　)

# 练习题四　热处理概述

## 一、填空题

1. 纯金属中常见的点缺陷有________和________。

2. 纯金属中常见的线缺陷有________。

3. 纯金属中常见的面缺陷有________和________。

4. 合金中具有相同的化学成分、晶体结构及物理性能的组分称为________，金属的结晶是指由原子不规则排列的液态转变为原子________排列的________过程。

5. 纯金属的冷却曲线是用测温法测定的。冷却曲线的纵坐标表示________，横坐标表示________。

6. ________与________之差称为过冷度。

7. 过冷度的大小与冷却速度有关，________越快，金属的实际结晶温度越________，过冷度也就越大。

8. 细化晶粒的常用方法有增大过冷度、________、________。

9. 金属在固态下，随温度的改变，由________转变为________的现象称为同素异构转变。

10. 金属材料经压力加工变形后，不仅改变了________，而且改变了________。

11. 弹性变形的本质是外力克服________，使原子间距发生改变。

12. 单晶体塑性变形的基本方式是________和________。

13. 多晶体内晶界对塑性变形有较大的阻碍作用，这是因为晶界外原子排列比较紊乱，阻碍了________的移动，所以晶界越多，多晶体的________越大。

14. 实践证明，再结晶温度与金属变形的程度有关，金属的变形程度越大，再结晶温度越________。

## 二、单选题

1. 低温莱氏体的析出温度是(　　)。

   A. 液相线与共析线之间的温度　　B. 共晶温度

   C. 共晶线与共析线之间的温度　　D. 共析温度

2. 高温莱氏体的结晶温度是(　　)。

   A. 液相线与共析线之间的温度　　B. 共晶温度

   C. 共晶线与共析线之间的温度　　D. 共析温度

3. 亚共析钢的室温组织为(　　)。

   A. 铁素体和珠光体　　B. 奥氏体和珠光体

   C. 莱氏体和珠光体　　D. 托氏体和珠光体

4. 共析钢的室温组织为(　　)。

   A 铁素体和珠光体　　B. 奥氏体和珠光体　　C. 莱氏体和珠光体　　D. 珠光体

5. 过共析钢的室温组织为(　　)。

   A. 铁素体和珠光体　　B. 渗碳体和珠光体

   C. 莱氏体和珠光体　　D. 托氏体和珠光体

6. 共晶铸铁的室温组织为(　　)。

A. 铁素体和珠光体　B. 奥氏体和珠光体　C. 莱氏体和珠光体　D. 低温莱氏体

7. 过晶铸铁的室温组织为(　　)。

A. 铁素体和珠光体　B. 渗碳体和珠光体

C. 温莱氏体和渗碳体　D. 托氏体和珠光体

8. 多晶体具有(　　)。

A. 各向同性　B. 各向同性和各向异性

C. 各向异性　D. 可能各向同性和可能各向异性

9. 单晶体具有(　　)。

A. 各向同性　B. 各向同性和各向异性

C. 各向异性　D. 可能各向同性和可能各向异性

10. 固溶体的性能是(　　)。

A. 硬度高　B. 脆性大

C. 塑性和韧性较好　D. 塑性和韧性较差

**三、判断题**

1. 通过热处理可改变铸铁的基本组织,故可显著提高其力学性能。(　　)

2. 实际金属中存在的面缺陷会引起晶格畸变。(　　)

3. 金属结晶时,冷却速度越快,过冷度越大。(　　)

4. 金属的结晶是在恒定温度下进行,结晶时要放出潜热,有一定的过冷度。(　　)

5. 结晶的过程是晶核产生和晶核不断长大的过程,增加过冷度,可增加晶核的形核率。(　　)

# 练习题五　热处理概述

## 一、填空题

1. 残留应力是指去除外力后，残留在________的应力。

2. 从金属学观点来看，凡在再结晶温度以下进行的加工称为________；在再结晶温度以上进行的加工称为________。

3. 合金是一种金属与________或________通过熔炼或其他方法结合而成的具有金属特性的新物质。合金中成分、结构及性能相同的组成部分称为________。

4. 根据合金中各组元之间的相互作用不同，合金的组织可以分为固溶体、________和________3 种类型。

5. 钢的淬透性是指钢在淬火冷却时获得________组织深度的能力，它与钢的________有密切关系。

6. 在 Fe-$Fe_3C$ 相图中，ECF 线称为________，PSK 线称为________。它们对应的温度分别为 1148 ℃和________。

7. 过冷奥氏体是在________温度以下存在，尚未转变的奥氏体。

8. 常用冷却介质中冷却能力最强的是________。

9. 45 钢加热到 900 ℃时的组织是________，其淬火后得到的组织是________。

10. 金属的同素异构转变过程是一个________和________的过程。

11. 碳在 α-Fe 中的过饱和固溶体称为________。

12. 为了改善灰铸铁的性能，一方面要细化金属基体并增加珠光体数量，另一方面要改变________的形态和数量，生产中常采用________工艺。

13. 在铁碳合金相图中，$C$ 点是________点，$P$ 点是碳在________中的最大溶解度点。

14. 调质钢与正火钢相比，调质后钢的组织是回火索氏体，其渗碳体呈________状；而正火后的索氏体中渗碳体呈________状。

## 二、单选题

1. 金属化合物的性能是（　　）。
   A. 塑性和韧性较好　　B. 强度较低
   C. 硬度较低　　D. 硬度高、脆性大

2. 热处理保温的目的是（　　）。
   A. 促进晶核的长大　　B. 阻止晶核的长大
   C. 残余 $Fe_3C$ 的溶解　　D. 奥氏体成分的均匀化

3. 加热温度、加热速度和保温时间对晶粒大小的影响正确的是（　　）。
   A. 加热温度越高晶粒越细
   B. 加热速度越快晶粒越粗
   C. 保温时间越长晶粒越细
   D. 加热速度越快，保温时间越短，晶粒越细

4. 过冷奥氏体的等温转变产物正确的是（　　）。
   A. 高温转变产物是贝氏体型　　B. 中温转变产物是珠光体型
   C. 低温转变产物是托氏体型　　D. 高温转变产物是珠光体型

5. 过冷奥氏体的连续冷却转变产物是(　　)。

A. 随炉冷是索氏体　　B. 空冷珠光体

C. 油冷是托氏体+索氏体　　D. 水冷是马氏体+残余奥氏体

6. 高温莱氏体的组成是(　　)。

A. 铁素体与渗碳体组成的混合物

B. 奥氏体与渗碳体组成的混合物

C. 珠光体与渗碳体组成的混合物

D. 铁素体、奥氏体与渗碳体组成的混合物

7. 低温莱氏体的组成是(　　)。

A. 铁素体与渗碳体组成的混合物

B. 奥氏体与渗碳体组成的混合物

C. 珠光体与渗碳体组成的混合物

D. 铁素体、奥氏体与渗碳体组成的混合物

8. 金属结晶后的晶粒越小则(　　)。

A. 硬度越低　　B. 强度越低　　C. 塑性越差　　D. 韧性越好

9. 高温莱氏体是由(　　)。

A 铁素体与渗碳体组成的　　B. 珠光体与渗碳体组成的

C. 奥氏体与渗碳体组成的　　D. 铁素体与奥氏体组成的

10. 下面说法正确的是(　　)。

A. 布氏硬度不可测薄件

B. 洛氏硬度不可测薄件

C. 维氏硬度不可测薄件

D. 布氏硬度、洛氏硬度、维氏硬度都可测薄件

**三、判断题**

1. 一般情况下,晶粒越细小,金属的强度越差、塑性和韧性越好。(　　)

2. 间隙固溶体是溶质原子分布在晶格之间形成的固溶体。(　　)

3. 铁素体(F)是碳溶于 $\gamma$-Fe 中形成的间隙固溶体。(　　)

4. 奥氏体(A)是碳溶于 $\alpha$ -Fe 中形成的间隙固溶体。(　　)

5. 珠光体(P)是 A 与 $Fe_3C$ 组成的机械混合物。(　　)

6. $\alpha$-Fe 是体心立方晶格。(　　)

# 练习题六　热处理概述

## 一、填空题

1. 合金元素在钢中能使 $C$ 曲线________（左移、右移），临界冷却速度________（上升、降低），从而提高钢的淬透性。

2. 将原子看成一个点，用假想的线条将各原子中心连接起来，形成的空间几何格架，称为________。

3. 能完全代表晶格特征的最小几何单元是________。

4. 常见的金属晶格有体心立方晶格、________晶格、密排六方晶格。

5. 晶体缺陷使晶格发生畸变，金属的________、________上升，________、________下降。

6. 理论结晶温度与实际结晶温度的差值称为过________。

7. 冷却速度越________，过冷度越大。

8. 一般情况下，晶粒越________，金属的硬度、强度、塑性和韧性越好。

9. 生产中细化晶粒的方法有增加过冷度、________、附加振动、降低浇注速度。

10. 固溶体有置换固溶体和________。

11. 热处理有加热、________和冷却 3 个阶段。

12. 灰铸铁的热处理只能改变基体组织，不能改变石墨的________、________、________和分布情况，所以热处理对灰铸铁的力学性能影响不大。

13. 铸铁结晶时冷却速度越小，碳原子扩散越充分，有利于________。

14. 铁碳合金状态图，高温纯铁冷却至 $G$ 点温度时，其晶格类型将从________晶格转变为________晶格。

## 二、单选题

1. 一次渗碳体的结晶温度是（　　）。

A. 共晶温度　　B. 结晶开始与共晶之间的温度
C. 共析温度　　D. 共晶线与共析线之间的温度

2. 使表面具有高的硬度和耐磨性，而心部具有一定的强度和良好韧性的（　　）。

A. 淬火+回火　　B. 调质处理　　C. 正火　　D. 渗碳

3. 铁素体为（　　）晶格，奥氏体为（　　）晶格。

A. 面心立方　　B. 体心立方　　C. 密排六方

4. 金属液冷却到（　　）开始结晶，并结晶出奥氏体。

A. BCT 线　　B. ES 线　　C. AC 线　　D. ACD 线

5. 含碳量小于 0.77 %的铁碳合金室温组织为（　　）。

A. 铁素体　　B. 珠光体
C. 渗碳体　　D. 珠光体+铁素体

6. 在铁碳合金中，共析钢的含碳量为（　　）。

A. 0.67%　　B. 0.77%　　C. 0.8%　　D. 0.87%

7. 在 $Fe-Fe_3C$ 相图中，PSK 线也称为（　　）。

A. 共晶线　　B. 共析线　　C. A3 线　　D. Acm 线

8. 钢锻造时应在铁碳合金相图中的单相(　　) 区进行。

A. 奥氏体　　B. 铁素体　　C. 马氏体　　D. 珠光体

9. 马氏体是碳在 α-Fe 中的过饱和固溶体。当奥氏体向马氏体转变时,体积要膨胀(　　)。

A. 快速收缩　　B. 不变　　C. 膨胀　　D. 缓慢收缩

10. 铁碳合金组织中,溶碳量最大的组织是(　　)。

A. 铁素体　　B. 渗碳体　　C. 珠光体　　D. 莱氏体

**三、判断题**

1. 对于 $W_c=0.5\%$的亚共析钢结晶,当温度下降到共析温度时,剩余的奥氏体共析为珠光体。(　　)

2. 过冷奥氏体冷超速度越快,钢冷却后的硬度越高。(　　)

3. 奥氏体不锈钢的耐蚀性很好。(　　)

4. 珠光体的平均碳含量为 6.69%。(　　)

5. 过冷奥氏体与残余奥氏体都是碳溶于 γ-Fe 中形成的间隙固溶体。(　　)

6. 热处理在机械制造中应用很广,汽车中有绝大部分零件要进行热处理。(　　)

# 练习题七　热处理概述

## 一、填空题

1. 45 钢加热到 900 ℃时的组织是________，其淬火后得到的组织是________，45 钢与 40Cr 钢相比，45 钢的临界冷却速度________。

2. 碳溶解在 α-Fe 中形成的________称为铁素体，用符号 *F* 表示，在 727 ℃时，α-Fe 中的最大溶碳量为________。

3. 在铁碳合金相图中，*C* 点是________点，*P* 点是碳在________中的最大溶解度点。

4. 碳在 α-Fe 中的过饱和固溶体称为________。

5. 按加热方法不同，表面淬火方法主要有感应淬火、________、________。

6. 根据渗碳介质的物理状态不同，渗碳可分为气体渗碳、________和________。其中，________应用最广。

7. 热处理是采用适当的方式对金属材料或工件进行________、________和________，以获得预期的组织结构与性能的工艺。

8. ________是确定热处理工艺的重要依据。

9. 热处理的工艺过程可用________表示。

10. 金属材料在加热或冷却过程中，发生________的温度称为临界点。

11. 大多数钢铁材料或零件的热处理都是先将其加热到临界点以上某一温度区间，使其全部或部分得到均匀的________组织，然后采用适当的冷却方式进行冷却，从而获得所需的组织和使用性能。

12. 热处理一般不改变工件的形状，而是通过改变工件内部的________或改变工件表面的________来改善工件的工艺性能或使用性能。

13. 热加工是在高于________温度下对金属材料进行加工的方法。

14. 渗碳的钢种一般为________钢和________钢，经渗碳后的工件都要经过热处理，才能使工件表面获得高硬度、高耐磨性。

## 二、单选题

1. 含碳量为 3.5%的铁碳合金，在 900 ℃时的组织为(　　)。

A. 奥氏体　　B. 奥氏体+铁素体

C. 奥氏体+二次渗碳体　　D. 奥氏体+二次渗碳体+莱氏体

2. 过冷奥氏体是指冷却到(　　)温度以下，尚未转变的奥氏体。

A. Ms　　B. Mf　　C. A1　　D. A3

3. 合金钢要充分显示出良好的特性必须进行(　　)。

A. 渗氮　　B. 渗碳　　C. 加工硬化　　D. 热处理

4. 在制造 45 钢轴类零件的工艺路线中，调质处理应安排在(　　)。

A. 机械加工前　　B. 粗精加工间　　C. 精加工后　　D. 难以确定

5. 合金元素能提高合金钢的回火稳定性的原因是合金元素溶入奥氏体之后(　　)。

A. 降低了原子的扩散速度　　B. 提高了原子的扩散速度

C. 降低了冷却速度　　D. 提高了冷却速度

6. 属于体心立方晶格的金属是(　　)。

A. 钨　　B. 铜　　C. 铝　　D. 镁

7. 不同种类的金属材料在进行热处理时,其加工温度是不同的。对亚共析钢进行加热时,其实际加热的临界温度应用(　　)表示。

A. Ar3　　B. Ac3　　C. ACcm　　D. Ar1

8. 法国人奥斯蒙德确立了(　　),英国人奥斯汀第一个制订了(　　),为现代热处理工艺初步奠定了理论基础。

A. 铁的同素异构理论;铁碳合金相图　　B. 铁碳合金相图;铁的同素异构理论

C. 碳的同素异构理论;退火工艺曲线图　　D. 铁碳合金相图;退火工艺曲线图

9. 奥氏体和渗碳体的共晶混合物为(　　)。

A. 珠光体　　B. 莱氏体　　C. 奥氏体　　D. 渗碳体

10. 渗碳的加热温度为(　　)。

A. 800~900 ℃　　B. 900~950 ℃　　C. 950~1 100 ℃　　D. 1 100~1 200 ℃

## 三、判断题

1. 热处理按目的与作用不同,分为退火、正火、淬火和回火。(　　)
2. 铁碳合金相图中,PSK 线是一条水平线(727 ℃),该线称为共晶线。(　　)
3. 钢件通过加热的处理简称热处理。(　　)
4. 再结晶可以消除锻造时金属中的脆性杂质和塑性杂质的分布情况。(　　)
5. 奥氏体化温度越高,保温时间越长,奥氏体晶粒越细。(　　)
6. 制订钢热处理工艺的依据是铁碳合金状态图。(　　)

## 四、多选题

1. 铁素体为(　　)晶格,奥氏体为(　　)晶格。

A. 面心立方　　B. 体心立方　　C. 密排六方　　D. 以上答案都对

2. 铁碳合金相图上的 ES 线,其代号用 Acm 表示,PSK 线用代号(　　)表示,GS 线用代号(　　)表示。

A. A1　　B. A3　　C. Acm　　D. 以上答案都对

3. 热处理分为(　　)几大类。

A. 整体热处理　　B. 表面热处理　　C. 稳定化处理　　D. 化学热处理

4. 热处理常用的冷却设备有(　　)。

A. 水槽　　B. 油槽　　C. 盐浴　　D. 缓冷坑

5. 下列选项中,100%需要进行热处理的是(　　)。

A. 量具　　B. 刃具　　C. 模具　　D. 滚动轴承

6. 预备热处理工艺一般有(　　)。

A. 退火　　B. 调质　　C. 时效　　D. 正火

7. 合金钢按碳的质量分数和室温组织的不同,可以分为(　　)。

A. 亚共析钢　　B. 过共析钢　　C. 碳素结构钢　　D. 共析钢

E. 碳素工具钢

# 练习题八　整体热处理

## 一、填空题

1. 常用的常规热处理方法有________、正火、淬火、________。

2. ________退火过程中只有应力的减小或消除，而没有组织的变化。

3. 常用的回火方法有________、________和________3种。

4. 滚动轴承钢的预备热处理是________，最终热处理是________。

5. 钢不发生相变是________退火。

6. 用65Mn钢做弹簧，淬火后应采用________。

7. 材料经过渗碳热处理后一般要经过________和________。

8. 正火的目的是细化晶粒，提高钢材的________，消除钢材中的________。

9. 为消除应力，改善切削加工条件，切削前应对铸、锻、焊件进行________。

10. 退火的目的是降低钢铁材料的________，提高其________，消除钢材的________，防止其________和________。

11. 用高碳钢和某些合金钢制锻坯件，加工时发现硬度过高，为使其容易加工，可进行________。

12. 60Si2Mn是________。弹簧热成形后进行________和中温回火。

13. 低碳钢为了便于切削，常预先进行________（提高硬度）处理；高碳钢为了便于切削，常预先进行________（降低硬度）处理。

## 二、单选题

1. 球墨铸铁经(　　)可获得铁素体基本组织。

A. 正火　　B. 回火　　C. 等温淬火　　D. 退火

2. 为改善低碳钢的切削加工性能，常用的热处理方法是(　　)。

A. 完全退火　　B. 球化退火　　C. 去应力退火　　D. 正火

3. 对钢件内部存在的严重网状碳化物，可选择(　　)消除网状碳化物组织。

A. 完全退火　　B. 球化退火　　C. 正火　　D. 去应力退火

4. 为改善20钢的切削加工性能，常采用(　　)。

A. 淬火+低温回火　　B. 完全退火　　C. 球化退火　　D. 正火

5. 正火是将钢材加热保温后冷却，其冷却是在(　　)。

A. 油液中　　B. 盐水中　　C. 空气中　　D. 水中

6. 对于碳化物网状化严重的钢，(　　)前应先进行正火。

A. 球化退火　　B. 完全退火　　C. 均匀化退火　　D. 等温退火

7. 已知T12钢的Ac1=730 ℃，ACcm=800 ℃，为了消除钢中网状渗碳体，采用正火热处理时，最适合的加热温度是(　　)。

A. 750～760 ℃　　B. 780～800 ℃　　C. 820～830 ℃　　D. 830～850 ℃

8. 球墨铸铁经(　　)后获得铁素体基体，提高塑性、韧性、消除应力、改善切削性能。

A. 正火　　B. 退火　　C. 等温淬火　　D. 高温淬火

9. 过共析钢加工前必须进行的热处理是(  )。
A. 均匀退火 B. 球化退火 C. 等温退火 D. 去应力退火
10. 含碳量小于0.25%的低碳钢工件在切削加工之前的热处理是(  )。
A. 完全退火 B. 正火 C. 球化退火 D. 回火
11. 对钢件内部存在严重的网状碳化物组织,可选用(  )消除网状碳化物组织。
A. 退火 B. 正火 C. 回火 D. 淬火
12. 对于T8钢的预备热处理应采用(  )。
A. 完全回火 B. 去应力退火 C. 球化退火 D. 正火
13. 高碳钢为了便于机械加工,可预先进行(  )。
A. 淬火 B. 回火 C. 球化退火 D. 完全退火
14. 完全退火的加热温度为(  )。
A. Ac3+(30~50)℃ B. Ac3+(10~20)℃
C. Ac3-(100~200)℃ D. Ac3+(150~50)℃
15. 有一钢制零件在切削过程中发现很软并有黏刀的现象,应采用(  )。
A. 退火 B. 正火 C. 淬火 D. 回火
16. 不能用于过共析钢的退火方法是(  )。
A. 完全退火 B. 等温退火 C. 球化退火 D. 均匀化退火
17. 下列碳钢的退火工艺中加热温度最低的工艺是(  )。
A. 均匀化退火 B. 完全退火 C. 去应力退火 D. 等温退火
18. 高碳钢制作的锻件采用的退火方法是(  )。
A. 完全退火 B. 等温退火 C. 球化退火 D. 去应力退火
19. 对于高碳钢,在切削加工前通常应先进行(  )处理。
A. 正火 B. 退火 C. 回火 D. 淬火
20. 为了改善低碳钢的切削加工性能,一般选择(  )作为预备热处理。
A. 完全退火 B. 正火 C. 淬火 D. 回火
21. 球墨铸铁经(  )后可获得珠光体组织。
A. 退火 B. 正火 C. 等温淬火 D. 高温回火
22. 球墨铸铁经(  )后获得铁素体基体,提高塑性、韧性、消除应力,改善切削性能。
A. 正火 B. 退火 C. 等温淬火 D. 高温淬火
23. 含碳量小于0.25%的低碳钢锻件在切削加工之前的热处理是(  )。
A. 完全退火 B. 正火 C. 球化退火 D. 回火
24. 合金元素能提高合金钢的回火稳定性,回火稳定性主要指(  )。
A. 马氏体的回火稳定性 B. 奥氏体的回火稳定性
C. 索氏体的回火稳定性 D. 托氏体的回火稳定性

**三、判断题**

1. 马氏体与回火马氏体的一个重要区别在于:马氏体是含碳的过饱和固溶体,回火马氏体是机械混合物。 (  )
2. 同类钢在相同条件下,水淬比油淬的淬透性好。 (  )
3. 在相同的回火温度下,合金钢比同样含碳量的碳素钢具有更高的强度。 (  )

4. 淬火性好的钢，淬火后硬度一定很高。 (　　)
5. 钢件淬火后发现裂纹，如裂纹两侧有氧化脱碳现象，则淬火前裂纹就已存在。 (　　)
6. 马氏体是一种非稳定的组织。 (　　)
7. 一般来说，淬火后的钢随回火温度的增高，其强度和硬度也增高。 (　　)
8. 钢中碳的质量分数越高，其淬火加热温度也越高。 (　　)
9. 高碳钢可用正火代替退火，以改善其切削加工性。 (　　)
10. 淬火钢经中温回火后获得的组织为回火索氏体 S1。 (　　)
11. 退火与正火的目的基本相同，它们之间的主要区别是保温时间不同。 (　　)
12. 热成型弹簧与冷成型弹簧的最终热处理均为淬火+中温回火得到回火托氏体组织。 (　　)
13. 马氏体是碳在 γ-Fe 中的过饱和固溶体。 (　　)
14. 将淬火与中温回火相结合的热处理称为调质处理。 (　　)
15. 屈氏体是铁素体基化体中弥散分布着极细粒状渗碳体的复合组织。 (　　)
16. 钢中合金元素越多，则淬火后的硬度越高。 (　　)
17. 淬火钢回火后的性能主要取决于回火时的冷却速度。 (　　)
18. 淬透性好的钢，淬硬性也一定好。 (　　)
19. 为了改善碳素工具钢的切削加工性能，其预先热处理应采用完全退火。 (　　)
20. 正火的硬度和强度比退火低。 (　　)
21. 形状复杂零件应采用正火消除内应力。 (　　)
22. 低碳马氏体形成显微组织呈针状，高碳马氏体形成显微组织板条状。 (　　)

## 四、多选题

1. 改善材料的切削加工性的方法有(　　)。

A. 退火　　B. 正火

C. 淬火　　D. 使用性能优良的切削液

2. 下列热处理中会改变钢的组织和性能的是(　　)。

A. 完全退火　　B. 去应力退火　　C. 淬火　　D. 正火

3. 钢回火后组织发生了变化，其性能(　　)。

A. 硬度下降　　B. 塑性提高　　C. 韧性提高　　D. 强度提高

4. 退火作为预备热处理工序，并一般安排在(　　)等工序之后。

A. 铸造　　B. 锻造　　C. 焊接　　D. 磨削

5. 去应力退火的应用范围包括(　　)。

A. 铸件　　B. 锻件　　C. 焊件　　D. 精密加工件

6. 淬火冷却介质有(　　)硝盐浴、碱浴和空气。

A. 油　　B. 水　　C. 盐水　　D. 酸浴

# 练习题九 整体热处理

## 一、填空题

1. W18Cr4V 钢的最终热处理为________;20CrMnTi 的最终热处理为________。

2. 灰铸铁常用的热处理方法有________、高温退火、________;目的是减小铸件内应力,改善切削加工性能,提高表面硬度和耐磨性。

3. GCr15 钢制作的滚动轴承内、外圈和滚动体,预备热处理是________。

4. 退火、正火一般安排在________之后。

5. 某机床主轴(40Cr)的加工工艺流程是:下料→锻→热处理①→粗加工→热处理②→精加工→检验→入库。其中热处理①的名称是________;热处理②的名称是________。

6. 在热处理工序中,退火、正火应在________之前和________之前。

7. 某些大型或形状复杂的中碳钢零件有开裂的危险时,可用________替代淬火处理。

8. 工厂里常用的淬火方法有单液淬火、双液淬火、________和________。

9. 在规定条件下,钢在淬火冷却时获得马氏体组织深度的能力称为________,而钢在理想条件下淬成马氏体后所能达到的最高硬度称为________。

10. 较大尺寸的合金钢工件应选择的淬火方式是________。

11. 按回火温度范围可将回火分为________回火、________回火和________回火 3 种。

## 二、单选题

1. 对有严重网状碳化物的钢件,球化退火前应先进行(　　)以消除网状碳化物。

A. 完全退火　B. 均匀化退火　C. 淬火　D. 正火

2. 高碳钢为了便于机械加工,可预先进行(　　)。

A. 淬火　B. 回火　C. 球化退火　D. 正火

3. 用高碳钢和某些合金钢制锻坯件,加工时发现硬度过高,为容易加工,可进行(　　)处理。

A. 退火　B. 正火

C. 淬火　D. 淬火和低温回火

4. 为了细化组织,提高机械性能,改善切削性能,对低碳钢应进行(　　)处理。

A. 退火　B. 淬火　C. 回火　D. 正火

5. 在预备热处理中高碳钢需要(　　)。

A. 退火　B. 淬火　C. 回火　D. 正火

6. 为改善低碳钢的切削加工性应进行(　　)热处理。

A. 退火　B. 正火　C. 淬火　D. 回火

7. 为改善 GCr15SiMn 钢的切削加工性能,通常采用(　　)处理。

A. 完全退火　B. 球化退火　C. 正火　D. 去应力退火

8. 为了消除铸件、锻件、焊接件、热轧件、冷拉件等的残余应力,一般采用的热处理工艺为(　　)。

A. 正火　B. 淬火　C. 去应力退火　D. 调质

9. GCr15 钢制造的滚珠可采用(　　)作为预先热处理。

A. 完全退火　B. 正火　C. 球化退火　D. 淬火

10. 一般常用作一些不重要工件的最终热处理，或用作某些工作的预先热处理的是(　　)。

A. 完全退火　　B. 淬火　　C. 回火　　D. 化学热处理

11. 为了改善 T12 钢的切削加工性能，常采用(　　)。

A. 完全退火　　B. 球化退火　　C. 去应力退火　　D. 正火

12. 完全退火主要用于(　　)的铸件、锻件、热轧钢材和焊接件。

A. 高合金钢　　B. 高碳钢　　C. 中低碳钢　　D. 高碳高合金钢

13. 正火的冷却方式是(　　)。

A. 炉中冷却　　B. 在空气中自然冷却　　C. 在油中冷却　　D. 在水中冷却

14. 火焰加热表面淬火和感应加热表面淬火相比(　　)。

A. 效率更高　　B. 淬硬层深度更容易控制

C. 工艺过程简单　　D. 设备简单

15. 过共析钢的淬火加热温度应选择在(　　)。

A. Ac1+(30~50)℃　　B. ACcm 以上　　C. Ac3+(30~50)℃

16. 亚共析钢的淬火加热温度应选择在(　　)。

A. Ac1+(30~50)℃　　B. ACcm 以上　　C. Ac3+(30~50)℃

17. 钢回火后得到的组织是回火托氏体时的温度是(　　)。

A. 150~250 ℃　　B. 350~500 ℃　　C. 500~650 ℃　　D. 以上都不对

18. 一般安排在半精加工之后的热处理工序为(　　)、回火及表面热处理等。

A. 退火　　B. 正火　　C. 调质　　D. 淬火

19. 调质处理就是(　　)的热处理。

A. 淬火+高温回火　　B. 淬火+中温回火

C. 淬火+低温回火　　D. 淬火+低温退火

20. 零件渗碳后，一般需经过(　　)才能达到表面硬度高且耐磨的目的。

A. 淬火+低温回火　　B. 正火

C. 调质　　D. 淬火+高温回火

21. 马氏体组织有(　　)两种形态。

A 板条、树状　　B. 板条、针状　　C. 树状、针状　　D. 索状、树状

22. 小模数齿轮的表面淬火一般选择(　　)。

A. 高频感应淬火　　B. 中频感应淬火　　C. 工频感应淬火

23. 对于切削刀具、冷作模具、滚动轴承等，最终热处理一般选择(　　)。

A. 淬火+高温回火　　B. 淬火+中温回火　　C. 淬火+低温回火

24. 对于用 20CrMnTi 钢制造的齿轮、凸轮轴、活塞销等，最终热处理一般选择(　　)。

A. 淬火+低温回火　　B. 渗碳+淬火+低温回火　　C. 渗碳

**三、判断题**

1. 双介质淬火后的组织性能不如单介质淬火，但操作比单介质淬火简单。(　　)

2. 用 45 碳钢制作直径为 18 mm 的传动轴，要求有良好的综合力学性能，22~25HRC，回火氏体组织，可采用调质处理。(　　)

3. 用 20CrMnTi 制作的汽车传动轴齿轮，要求表面有高硬度、高耐磨性、58~63HRC 则先进行渗碳，然后高频感应加热表面淬火，最后低温回火。(　　)

4. 用 65Mn 制作的直径为 5 mm 的弹簧，要求高弹性。硬度为 38~40 的回火屈氏体；可先进行淬火。 （ ）

5. 用 45 钢制作的某机床主轴，其轴颈部分和轴承接触要求耐磨，52~56HRC 硬化层深 1 mm，则先进行调质处理，然后高频感应加热表面淬火，最后低温回火。 （ ）

6. 合金元素能增加过冷奥氏体稳定性及提高回火稳定性。 （ ）

7. 弹簧钢的最终热处理采用淬火+中温回火。 （ ）

8. 马氏体型不锈钢耐蚀性很好。 （ ）

9. 共析钢的淬火加热温度为 Ac3 以上 30~50 ℃。 （ ）

10. 退火是指工件加热奥氏体化后在空气中冷却的热处理工艺。 （ ）

11. 完全退火可用于过共析钢，降低硬度，便于切削加工。 （ ）

12. 所有的合金元素都能提高钢的淬透性。 （ ）

13. 钢热处理时，工件淬火后中温回火的复合热处理工艺称为调质。 （ ）

14. 一般合金钢都有较好的耐回火性。 （ ）

15. 淬火后的钢，随回火温度的增高，其强度和硬度也增高。 （ ）

16. 低碳钢和低合金钢一般选择正火作为预备热处理。 （ ）

17. 某些重要的、精密的钢制零件，在精加工前，预先要进行调质处理。 （ ）

18. 完全退火主要用于亚共析钢，即含碳量小于 0.77%的钢。 （ ）

19. 退火与正火主要用于钢的最终热处理。 （ ）

20. 在各种退火的工艺曲线中，纵轴表示温度，横轴表示时间。 （ ）

21. 淬火、低温回火后的钢，常用布氏硬度试验方法测定其硬度。 （ ）

22. 球化退火工艺方法很多，最常用的两种工艺是普通球化退火和等温球化退火。 （ ）

## 四、多选题

1. 中温回火的应用范围如（ ）。

A. 量具　　B. 卷簧　　C. 板簧　　D. 弹簧钢丝

2. 高温回火的应用范围是用于如（ ）。

A. 轴类　　B. 连杆　　C. 齿轮　　D. 冷作模具

3. 淬火冷却介质有（ ）。

A. 油　　B. 水　　C. 盐水　　D. 酸浴

4. 常用的退火有（ ）。

A. 去应力退火　　B. 完全退火　　C. 球化退火　　D. 等温退火

5. 退火的目的是（ ）。

A. 降低硬度、提高塑性、改善切削加工性能

B. 细化钢铁材料的组织、均匀化学成分

C. 消除钢铁材料的内应力、防变形和开裂

D. 为钢铁材料后续加工或热处理做准备

6. 下列属于整体热处理的是（ ）。

A. 正火　　B. 退火　　C. 回火　　D. 淬火

E. 渗碳

# 练习题十　整体热处理

## 一、填空题

1. 淬火钢材随回火温度的升高,其强度与硬度________,而塑性与韧性________。

2. 去应力退火的加热温度一般在________℃进行。

3. 退火的目的是降低钢铁材料的________,提高其________性,改善切削加工性能。

4. 常用的退火方法有:________、________、________、________、________等。

5. 感应淬火按电流频率的不同,可分为________、________、________ 3 种。而且感应电流频率越高,淬硬层越________。

6. 钢的表面热处理有________和________两种。

7. 灰口铸铁的热处理去应力退火目的是________。

8. 随着回火加热温度的升高,钢的________和硬度下降,而________和韧性提高。

9. 过共析钢和共析钢的淬火加热温度为________℃。

10. 合金工具钢制造的刃具、冷作模具的回火方法为________。

11. 去应力退火又称为________,是将工件加热________℃,保温一定时间后缓冷至 200 ℃再出炉冷却。

## 二、单选题

1. 对于用 T10 钢制造的手锯锯条、丝锥、冲头等,最终热处理一般选择(　　)。

A. 淬火+低温回火　　B. 渗碳+淬火+低温回火

C. 渗氮　　D. 调质

2. 45 钢的正常淬火组织为(　　)。

A. 马氏体　　B. 马氏体+ 铁素体　　C. 马氏体+渗碳体　　D. 渗碳体

3. 用低碳合金钢制造的形状复杂的小尺寸模具,成形刀具一般采用(　　)。

A. 单液淬火　　B. 双介质淬火

C. 马氏体分级淬火　　D. 贝氏体等温淬火

4. 用 GCr15 钢制造滚动轴承,最终热处理为(　　)。

A. 淬火+中温回火　　B. 表面淬火　　C. 淬火+低温回火　　D. 氮化处理

5. 为保证较好的综合力学性能,对轴、丝杠、齿轮、连杆等重要零件,一般采用的热处理方式是(　　)。

A 回火　　B. 正火　　C. 退火　　D. 调质

6. 双液淬火的冷却速度是(　　)。

A. 先慢后快　　B. 先快后慢　　C. 不改变冷却速度

7. 高速钢淬火后必须在 550~570 ℃的温度下进行(　　)。

A. 低温回火　　B. 中温回火　　C. 高温回火　　D. 多次回火

8. 淬火钢进行中温回火得到(　　)。

A. 回火索氏体　　B. 回火托氏体　　C. 回火马氏体　　D. 珠光体

9. 用 GCr15 钢制造滚动轴承,为了改善切削加工性,采用的热处理为(　　)。

A. 淬火+中温回火　　B. 表面淬火　　C. 淬火+低温回火　　D. 球化退火

10. 钢在一定条件下淬火后，获得淬硬层深度的能力称为(　　)。
A. 淬硬性　　B. 淬透性　　C. 耐磨性
11. 零件的淬火一般安排在(　　)。
A. 粗加工前　　B. 粗加工后，半精加工前
C. 精加工后　　D. 半精加工后，精加工前
12. 淬火后导致工作变形和开裂的根本原因是(　　)。
A. 工件大小　　B. 工件结构　　C. 工件原始材料　　D. 内应力
13. 双介质淬火与单介质淬火比较优点是(　　)。
A. 可成小应力，减少变形、开裂倾向　　B. 操作简单，好掌握
C. 适用于形状简单、尺寸较小的工件　　D. 成本低
14. 中温回火的组织主要是(　　)。
A. 回火马氏体　　B. 回火索氏体　　C. 回火托氏体　　D. 回火珠光体
15. 高温回火的组织主要是(　　)。
A. 回火马氏体　　B. 回火索氏体　　C. 回火托氏体　　D. 回火珠光体
16. 低温回火的组织主要是(　　)。
A. 回火马氏体　　B. 回火索氏体　　C. 回火托氏体　　D. 回火珠光体
17. 用 45 碳钢制作直径为 18 mm 的传动轴，要求有良好的综合力学性能 22~25HRC，回火索氏体组织要采用(　　)。
A. 淬火+回火　　B. 调质处理　　C. 正火　　D. 渗碳
18. 用 65Mn 制作的直径 5 mm 弹簧，要求高弹性，硬度为 38~ 40HRC，回火屈氏体可采用(　　)。
A. 淬火+中温回火　　B. 调质处理　　C. 正火　　D. 渗碳
19. 调质处理就是(　　)中的热处理。
A. 淬火+低温回火　　B. 淬火+中温回火　　C. 淬火+高温回火
20. 用 65Mn 钢做弹簧钢淬火后应进行(　　)。
A. 高温回火　　B. 中温回火　　C. 低温回火
21. 轴类零件的半精加工应安排在(　　)之后。
A. 淬火　　B. 正火　　C. 调质　　D. 最终热处理
22. T10 钢的淬火加热温度应选择在(　　)以上。
A. Ac3+(30~50)℃　　B. Acm+(30~50)℃
C. Acm　　D. Ac1+(30~50)℃
23. 低温回火后得到的室温组织是(　　)。
A. 回火马氏体　　B. 回火托氏体　　C. 回火索氏体　　D. 回火奥氏体
24. 最常用的表面热处理工艺之一的是(　　)。
A. 表面淬火　　B. 振动时效　　C. 渗碳热处理　　D. 回火

**三、判断题**

1. 用 65 钢制成弹簧，使用不久就失去弹性，是因为没有进行淬火、中温回火。(　　)
2. 淬火后的钢一般需要进行及时回火。(　　)
3. 马氏体分级淬火可显著减小工件的变形与开裂。(　　)

4. 淬火的目的是使钢材获得马氏体组织，提高钢材的强度和硬度。（　　）
5. 对于毛坯件，通常要用正火或退火进行预行热处理，为后续切制加工做准备。（　　）
6. 如果淬火温度不高，会使热处理后的钢件硬度不足。（　　）
7. 冷拔弹簧钢丝绕制成弹簧后常进行低温回火。（　　）
8. 开始产生再结晶现象的最低温度称为再结晶温度。（　　）
9. 经过淬火处理的零件常采用洛氏硬度计测试其硬度。（　　）
10. 一般情况下，进行退火可软化钢材，进行正火可硬化钢材。（　　）
11. 弹簧钢一般都采用高温回火，因为高温回火后其弹性极限最高。（　　）
12. 亚共析钢淬火加热温度过低，会使淬火后的钢件硬度不足。（　　）
13. 淬火后的钢一般需要及时进行回火。（　　）
14. 回火的主要目的是消除淬火造成的残余应力，故回火与去应力退火无本质区别。（　　）
15. 淬火的目的是要得到马氏体组织，故淬火冷却速度越大越好。（　　）
16. 常把淬火后高温回火的热处理称为调质。（　　）
17. 消除冷变形强化现象的方法是安排合理的退火工序。（　　）
18. 完全退火可用于过共析钢，降低硬度，便于切削加工。（　　）
19. 去应力退火过程中钢的组织在不断变化。（　　）
20. 淬火时工件表面加热深度主要取决于交流电流的频率。（　　）
21. 退火是指工件加热奥氏体化后在空气中冷却的热处理工艺。（　　）
22. 本质粗晶粒钢渗碳后，应采用直接淬火进行热处理。（　　）

**四、多选题**

1. 正火与退火相比，其热处理加热设备有（　　）。
A. 加热温度较高　　B. 冷却速度较快
C. 硬度比退火高　　D. 生产成本比退火高
2. 热处理加热设备（　　）。
A. 箱式电阻炉　　B. 盐浴炉　　C. 井式炉　　D. 煤炉
3. 下列钢材需要进行淬火加中温回火作为最终热处理的是（　　）。
A. 耐冲击工具　　B. 热成形合金弹簧　　C. 滚动轴承　　D. 热作模具
4. 退火的目的主要是（　　）。
A. 提高硬度、降低塑性　　B. 消除内应力，防止变形与开裂
C. 细化组织，均匀化学成分　　D. 消除钢材中的网状碳化物
5. 淬火时会产生的缺陷有（　　）。
A. 过热与过烧　　B. 氧化与脱碳　　C. 变形与开裂　　D. 硬度不足
6. 钢件淬火后及时回火的目的是（　　）。
A. 消除和减小内应力　　B. 稳定组织，保证尺寸精度
C. 消除钢材中的网状碳化物　　D. 降低硬度，提高塑性

# 练习题十一　整体热处理

## 一、填空题

1. 钢材淬火后马氏体的硬度主要取决于马氏体中碳的________。

2. 灰铸铁表面淬火的热处理目的是________和耐________。

3. 钢件________的复合热处理工艺称为调质处理。

4. 为了显著减小工件的变形和开裂，采用的淬火方法为________。

5. 按加热温度的不同，淬火钢回火时的组织转变可分为 4 个阶段：(1)________，(2)残余奥氏体分解，(3)________，(4)渗碳体的聚集长大。

6. 回火温度的确定，主要以工件________值为依据，往往其数值越高，回火温度________。

7. 钢件淬火加________回火的复合热处理工艺称为调质，钢件调质后的组织是________。

8. 灰铸铁高温退火的热处理目的是消除________。

9. 调质处理是指________和________的复合热处理工艺，中温回火的温度是________，中温回火后的组织为________，高温回火后的组织为________。

10. 正火是指工件加热到奥氏体化后在________中冷却的热处理工艺。

11. 退火是指工件加热到适当温度，保温一定时间，然后________的热处理工艺。

## 二、单选题

1. 对于切削刀具、滚动轴承等，其最终热处理一般为(　　)。

A. 调质处理　　B. 渗碳
C. 淬火+低温回火　　D. 淬火+中温回火

2. 为了显著减小工件的变形与开裂，采用的淬火方法是(　　)。

A. 单液淬火　　B. 双液淬火
C. 马氏体分级淬火　　D. 贝氏体等温淬火

3. 对于 20CrMnTi 钢制造的齿轮等，最终热处理一般选用(　　)。

A. 淬火加低温回火　　B. 淬火加中温回火　　C. 调质处理　　D. 渗氮处理

4. 切削加工铸锻件、焊接件前，应对工件进行(　　)处理。

A. 淬火　　B. 回火　　C. 退火或正火　　D. 调质

5. 淬火后导致工作变形和开裂的根本原因是(　　)。

A. 工件大小力　　B. 工件结构　　C. 工件原始材料　　D. 内应力

6. 零件的淬火一般安排在(　　)。

A. 粗加工前　　B. 粗加工后，半精加工前
C. 精加工后　　D. 半精加工后，精加工前

7. 低碳合金钢制造形状复杂的小尺寸模具、成形刀具一般采用(　　)。

A. 单液淬火　　B. 双介质淬火
C. 马氏体分级淬火　　D. 贝氏体等温淬火

8. 用 15 钢制造的齿轮，要求齿轮表面硬度高而心部具有良好的韧性，应采用热处理(　　)。

A. 淬火+低温回火　　B. 表面淬火+低温回火
C. 渗碳+淬火+低温回火　　D. 淬火+高温回火

9. 高温回火后得到的组织为(　　)。
A. 马氏体　B. 贝氏体　C. 回火托氏体　D. 回火索氏体

10. (　　)是指工件加热至奥氏体化后以适当方式冷却,获得马氏体或(和)贝氏体组织的热处理工艺。
A. 退火　B. 正火　C. 淬火　D. 回火

11. 调质处理的回火加热温度为(　　)。
A. 150~250 ℃　B. 400~500 ℃　C. 500~650 ℃　D. 650 ~700 ℃

12. 渗碳处理后的钢应进行(　　)热处理。
A. 淬火后中温回火　B. 淬火后低温回火
C. 去应力退火　D. 淬火后高温回火

13. 钢经过淬火后达到的硬度主要取决于(　　)。
A. 钢中的含碳量　B. 合金元素的含量
C. 钢的质量　D. 加热的温度钢的质量

14. 通常情况下,(　　)是热处理工艺的最后一道工序,生产中必须予以重视。
A. 退火　B. 正火　C. 回火　D. 淬火

15. 用于各种弹簧的热处理方法是(　　)。
A. 正火　B. 退火　C. 淬火　D. 回火

16. 合金刃具、冷作模具和要求耐磨的零件,淬火后一般进行(　　)。
A. 退火　B. 低温回火　C. 中温回火　D. 高温回火

17. 零件在表面淬火后一般进行(　　)。
A. 高温回火　B. 中温回火　C. 低温回火　D. 退火

18. 采用淬火的目的是(　　)。
A. 消除内应力　B. 减低脆性　C. 提高韧性　D. 提高耐磨性

19. 工件在(　　)以上进行的回火是高温回火。
A. 250 ℃　B. 3 600 ℃　C. 500 ℃　D. 550 ℃

20. 淬火钢进行中温回火得到(　　)。
A. 回火索氏体　B. 回火托氏体　C. 回火马氏体　D. 珠光体

21. 要求高硬度、耐磨的零件,淬火后要进行(　　)回火。
A. 低温　B. 中温　C. 高温　D. 中低温

22. 将已经淬火的工件加热到适当温度(150~649 ℃)保持短时间后冷却,以获得所需要的性能的热处理工艺称为(　　)。
A. 正火　B. 退火　C. 淬火　D. 回火

23. 淬火后的钢,回火温度越高,回火后的强度和硬度(　　)。
A. 越低　B. 越高　C. 不变　D. 都有可能

24. 调质处理就是(　　)的热处理。
A. 淬火+低温回火　B. 淬火+中温回火　C. 淬火+高温回火　D. 正火

**三、判断题**

1. 钢的碳质量分数越高,其淬火加热温度越高。(　　)

2. 正火的加热温度是 Ac1 线以上 20~30 ℃。(　　)

3. 球化退火是碳素工具钢、合金工具钢、高速钢或轴承钢等淬火前必须进行的预处理。(　　)

4. 一些复杂、截面不大、变形要求严的工件，用分级淬火比双介质淬火能更有效地减少变形及开裂。 (　　)

5. 弹簧钢一般都采用高温回火，因为高温回火后其弹性极限最高。 (　　)

6. 钢件感应加热表面淬火后需进行低温回火，其回火温度比普通低温回火温度稍低。 (　　)

7. 退火适用于最终热处理。 (　　)

8. 冷作模具钢一般需要淬火加高温回火后使用，而且热处理后变形小。 (　　)

9. 亚共析钢和过共析钢的淬火加热温度都是 Ac1 以上 30~50 ℃。 (　　)

10. 常把淬火加高温回火的热处理称为调质。 (　　)

11. 在相同的回火温度下，合金钢比同样含碳量的碳素钢具有更高的硬度。 (　　)

12. 正火是将钢加热到一定温度，保温一定的时间，然后采用随炉冷却。 (　　)

13. 淬硬性好的材料，淬透性一定好。 (　　)

14. 淬火能提高钢的强度、硬度和塑性。 (　　)

15. 回火的目的是消除淬火产生的内应力，降低硬度和脆性，以获得预期的力学性能。 (　　)

16. 含碳量低于 0.25%的钢，可以用正火改善切削加工性。 (　　)

17. 去应力退火过程中，钢的组织不发生变化。 (　　)

18. 要使 45 钢工件具有良好的综合力学性能，通常应在粗加工后进行调质处理。钢中合金元素含量越多，则淬火后钢的硬度就越高。 (　　)

19. 对工作性能要求不高的零件，退火、正火和调质可作为最终热处理。 (　　)

20. 冷冲压模具在淬火后应进行低温回火。 (　　)

21. 淬火钢在回火时，其基本趋势是随着回火温度的升高，钢的硬度下降，而塑性、脆性提高。 (　　)

22. 正火的目的主要是改善材料的切削加工性能。 (　　)

**四、多选题**

1. 对于退火的叙述，正确的是(　　)。

A. 一般作为预备热处理工序　　B. 能消除钢材的内应力

C. 安排在毛坯生产之前进行　　D. 可以改善切削加工性和锻压加工性

2. 经调质处理后，具有良好综合力学性能的钢是(　　)。

A. 45#　　B. 25#　　C. 40Cr　　D. 60Mn

3. 下列属于调质目的的是(　　)。

A. 较高的硬度　　B. 较低的塑性　　C. 较高的强度　　D. 较低的韧性

E. 较好的切削加工性能

4. 常用的淬火方法有(　　)。

A. 单液淬火　　B. 双液淬火

C. 马氏体分级淬火　　D. 贝氏体等温淬火

5. 退火低碳钢进行拉伸试验，试样从开始拉伸到断裂要经过(　　)阶段。

A. 弹性变形　　B. 屈服　　C. 变形强化　　D. 颈缩与断裂

6. 钢件淬火后经过回火后得到的组织是(　　)。

A. 马氏体　　B. 奥氏体　　C. 托氏体　　D. 索氏体

# 练习题十二　整体热处理

## 一、填空题

1. 亚共析钢的淬火加热温度为________℃。

2. 为了改善低碳钢的切削加工性,通常采用的热处理方式是________。

3. 淬火方法有________淬火、________淬火、________淬火和________淬火等。

4. 常见的淬火缺陷有过硬、内应力、________和________。

5. 为了改善切削加工性能,低碳钢应先进行________预备热处理。

6. 为了降低钢材的硬度,提高其塑性,改善切削加工性能和锻压加工性能,细化材料的组织,消除内应力,常采用________处理,该处理从时段上属于________热处理。

7. 淬火后的工件不能直接使用,必须经过________处理。

8. 常用的淬火方法有________、________、________和________。

9. 为了消除高碳钢的网状渗碳体,常采用________热处理工艺,为了消除锻造时的内应力,常采用________热处理工艺。

10. 淬火方法有单介质淬火、双介质淬火________和等温淬火。

11. 淬火的主要目的是把________的钢件淬成________。20 钢制造凸轮应采用________热处理,若改为 45 钢制造同一凸轮则采用________热处理。

## 二、单选题

1. (　　)是火焰淬火的特点。

A. 易实现机械化和自动化　　B. 淬硬层深度容易控制

C. 淬火质量稳定　　D. 适用于单件或小批量生产

2. 合金钢淬火的冷却介质宜选用(　　)。

A. 水　　B. 盐水　　C. 矿物油　　D. 碱水

3. 钢的淬硬性主要取决于钢的(　　)。

A. 冷却介质　　B. 含碳量　　C. 强度　　D. 淬透性

4. 下列热处理中,不属于化学热处理的是(　　)。

A. 调质　　B. 渗碳　　C. 渗砌　　D. 氮化

5. 20CrMnTi 是最常用的合金渗碳钢,其最终热处理为(　　)。

A. 淬火+低温回火　　B. 淬火+中温回火　　C. 淬火+高温回火　　D. 正火

6. 用 65Mn 钢做弹簧,淬火后应进行(　　)。

A. 高温回火　　B. 中温回火　　C. 低温回火　　D. 正火

7. 用 T10A 钢做锯片,淬火后应进行(　　)。

A. 高温回火　　B. 中温回火　　C. 低温回火　　D. 正火

8. 零件渗碳后一般须经(　　)处理,才能达到表面硬而耐磨的目的。

A. 淬火+低温回火　　B. 淬火+中温回火　　C. 调质　　D. 正火

9. (　　)可获得比渗碳层更高的硬度。

A. 渗铬　　B. 渗锌　　C. 碳氢共渗　　D. 渗氮

10. 采用45钢制作连杆,要求具有良好的综合力学性能,应采用(　　)。
A. 退火　　B. 正火
C. 调质　　D. 淬火+中温回火
11. 用40Cr钢制造齿轮,粗加工后的热处理工艺一般常用(　　)。
A. 退火　　B. 正火　　C. 淬火　　D. 调质
12. 淬火、回火一般放在工件的(　　)进行。
A. 粗加工之前　　B. 半精加工之后,精加工之前
C. 粗加工之后,半精加工之前　　D. 精加工之后
13. 在其他条件相同的情况下,下列钢中淬硬性最好的是(　　)。
A. 15#　　B. 40Cr　　C. 65Mn　　D. T12A
14. 负荷不大、断面较小的蜗杆可采用(　　)。
A. 45钢进行调质　　B. 20CrMnTi钢渗碳+淬火+低温回火
C. 65Mn淬火后中温回火　　D. T12A淬火后低温回火
15. 碳钢常用(　　)为淬火介质。
A. 随炉冷却　　B. 空气　　C. 油　　D. 水
16. 中温回火后得到的组织是(　　)。
A. 回火马氏体　　B. 回火托氏体　　C. 回火索氏体　　D. 回火贝氏体
17. 钢的回火处理是在(　　)后进行的。
A. 退火　　B. 正火　　C. 淬火　　D. 渗碳
18. 大尺寸的弹簧经过热成形后需要进行淬火和(　　)。
A. 低温回火　　B. 中温回火　　C. 高温回火　　D. 不回火
19. 将钢加热到一定温度,保温一定时间,然后采用水或油冷却的热处理工艺是(　　)。
A. 正火　　B. 回火　　C. 退火　　D. 淬火
20. 某零件要求具有高硬度和高耐磨性,最适合的热处理是(　　)。
A. 淬火+低温回火　　B. 淬火+中温回火　　C. 淬火+高温回火　　D. 正火
21. 消除工件淬火时产生的内应力,防止变形和开裂,应采用的热处理是(　　)。
A. 正火　　B. 退火　　C. 回火　　D. 调质
22. 用20钢制造凸轮,要求表面高硬度而心部具有良好的韧性,就采用(　　)。
A. 淬火+低温回火　　B. 淬火+中温回火
C. 淬火+高温回火　　D. 渗碳+淬火+低温回火
23. (　　)热处理一般在粗加工后半精加工前进行。
A. 正火　　B. 退火　　C. 淬火　　D. 调质
24. 制造手工锯条应采用(　　)。
A. Q215钢淬火+低温回火　　B. 45钢调质
C. T10钢淬火+低温回火　　D. 65钢淬火+中温回火

## 三、判断题

1. 热处理主要经历加热、保温、冷却3个阶段。(　　)
2. 退火的冷却方式一般是空冷。(　　)
3. 调质处理是指淬火+高温回火。(　　)

4. 火焰淬火的热源主要为氧乙炔或氧丙烷。（　　）
5. 淬火能提高钢的强度和硬度，但会降低其塑性。（　　）
6. 退火和正火一般安排在粗加工之后，半精加工之前。（　　）
7. 弹簧的热处理一般为淬火+中温回火。（　　）
8. 含碳量越高，淬透性也越好。（　　）
9. 淬火后能获得以马氏体为主的平衡组织。（　　）
10. 对力学性能要求不高的零件用正火代替退火是比较经济的。（　　）
11. 火焰淬火的质量比感应加热表面淬火的质量稳定。（　　）
12. 小型弹簧冷拉成型后，经低温回火处理后可做喷丸处理，寿命可提高数倍。（　　）
13. 金属材料热处理可分为正火、退火、淬火和回火 4 种基本工艺。（　　）
14. 钢被完全淬透是指淬火后整个工件获得了马氏体组织。（　　）
15. 退火的目的是使金属材料内部组织达到或接近平衡状态，以获得良好的工艺性能和使用性能，或者为进一步淬火做好准备。（　　）
16. 消除冷变形强化现象的方法是正火。（　　）
17. 退火是指工件力加热奥氏体化后在空气中冷却的热处理工艺。（　　）
18. 弹簧钢一般都采用高温回火，因为高温回火后其弹性极限最高。（　　）
19. 正火与退火的主要区别是前者冷却速度快，得到的组织晶粒较细，强度和硬度也较高。（　　）
20. 淬火时在 Ms 点以下的快冷是造成淬火裂纹的最主要原因。（　　）
21. 亚共析钢淬火加热温度过低，会使淬火后的钢件硬度不足。（　　）
22. 淬火后的钢一般需要及时进行回火。（　　）

## 四、多选题

1. 普通热处理俗称“四把火”的是（　　）。
A. 退火　B. 正火　C. 淬火　D. 表面淬火
E. 回火
2. 常用的退火有（　　）。
A. 去应力退火　B. 完全退火　C. 球化退火　D. 等温退火
3. 回火按回火温度的不同分为（　　）。
A. 高温回火　B. 低温回火　C. 中温回火　D. 等温回火
4. 退火的目的是（　　）。
A. 降低硬度、提高塑性、改善切削加工性能
B. 细化钢铁材料的组织，均匀化学成分
C. 消除钢铁材料的内应力，防止变形和开裂
D. 为钢铁材料后续加工或热处理做准备
5. 通常称为预备热处理的是（　　）。
A. 退火　B. 正火　C. 淬火　D. 回火

# 练习题十三 其他热处理

## 一、填空题

1. 机械制造过程中常用的时效方法主要有________时效、________时效、________时效、振动时效和沉淀硬化时效等。

2. 铝合金的强化是固溶热处理+________。

3. 热处理按目的、加热条件和特点不同,可分为整体热处理________和________。

4. 根据加热方法的不同,表面淬火的方法主要有________淬火、________淬火、________淬火等。

5. 化学热处理由________、________、________ 3 个基本过程组成。

6. 化学热处理方法较多,通常有________、________、________和________等。

7. 化学热处理一般由渗入元素的________、吸收、________ 3 个基本过程组成。

8. 根据交流电流频率不同,感应淬火可分为________感应淬火、________感应淬火和________感应淬火。

9. 在化学热处理中,渗金属的主要目的是提高工件表面的________和________等。

10. 感应表面淬火的技术条件主要包括________、________、________的分布。

## 二、单选题

1. 箱体零件在毛坯铸造后,一般安排的热处理为(　　)。

A. 表面淬火　　B. 调质处理　　C. 人工时效　　D. 渗碳

2. 化学热处理与其他热处理方法的基本区别是(　　)。

A. 加热温度　　B. 组织变化　　C. 改变表面化学成分

3. 下列热处理方法中,属于表面热处理的有(　　)。

A. 局部淬火　　B. 工频感应淬火　　C. 渗氮　　D. 渗铝

4. 化学热处理与其他热处理方法的主要区别是(　　)。

A. 加热温度不同　　B. 组织变化　　C. 改变表面化学成分　D. 冷却温度不同

5. 金属材料化学热处理与其他热处理方法的根本区别是(　　)。

A. 组织变化　　B. 成分变化　　C. 性能变化　　D. 温度变化

6. 下列热处理中,(　　)不属于化学热处理。

A. 渗碳　　B. 氮化　　C. 渗铝　　D. 表面淬火

## 三、判断题

1. 感应加热表面淬火,淬硬层深度取决于电流频率;频率越低,淬硬层越浅;反之,频率越高,硬层越深。(　　)

2. 自然时效是指金属材料经过冷加工、热加工或固溶处理后,在室温下发生性能随时间而变化的现象。(　　)

3. 表面热处理就是改变钢件表面的化学成分,从而改变钢件表面的性能。(　　)

4. 化学热处理一般由渗入元素的吸收、扩散两个基本过程组成。(　　)

5. 渗氮化学热处理不需要淬火+低温回火。(　　)

6. 渗碳钢零件经过渗碳以后,表面就有很高的硬度,不必再进行淬火处理。(　　)

7. 本质粗晶粒钢渗碳后，应采用直接淬火进行热处理。 ( )
8. 感应淬火的频率越高，其淬透深度越浅。 ( )
9. 高频感应淬火适用于大型零件表面淬火或棒料穿透加热。 ( )
10. 自然时效是在室温下进行的，工件内部的残余应力不能完全消除。 ( )
11. 自然时效可以部分消除件内的部分残余应力，稳定工件的形状和尺寸。 ( )
12. 利用自然时效可以部分消除工件内的部分残余应力，稳定工作的形状和尺寸。 ( )
13. 渗氮工艺适合于要求表面耐磨的高精度零件。 ( )
14. 经渗碳后的工件，都要进行淬火和低温回火。 ( )
15. 自然时效是在室温下进行的，工件内部的残余应力不能完全消除。 ( )
16. 表面淬火是指仅对工件表层进行淬火的工艺。 ( )
17. 激光热处理广泛用于结构钢、工具钢工件，用于工件进行锻后余热淬火、热轧淬火等工艺。 ( )
18. 渗铬后的钢件可替代不锈钢来制造各种医疗器械。 ( )
19. 渗金属是指以金属原子渗入钢的表面层的过程。 ( )
20. 热处理一般不改变工件的形状和整体的化学成分。 ( )
21. 合金渗碳钢为了获得高硬度、高耐磨性，只要渗碳即可。 ( )
22. 化学热处理具有变形小、成本低和污染少等优点。 ( )
23. 自然时效可以部分消除工件内的部分残余应力，稳定工件的形状和尺寸。 ( )

**四、多选题**

1. 下列属于化学热处理的是( )。
A. 渗碳 B. 渗氮 C. 高频淬火 D. 中频淬火
2. 感应淬火可分为( )。
A. 高频感应淬火 B. 中频感应淬火 C. 低频感应淬火 D. 工频感应淬火
3. ( )的主要目的是提高工件表面的硬度和耐磨性。
A. 渗碳 B. 渗氮 C. 碳氮共渗 D. 渗硼
4. 化学热处理对钢件的( ) 进行了改变。
A. 组织 B. 性能 C. 化学成分 D. 内部结构
5. 感应淬火主要用于制造( )的形状不复杂的工件。
A. 中碳钢 B. 中碳合金钢 C. 低碳钢 D. 低碳合金
6. 对工件表面层金属进行热处理可采用的方法是( )。
A. 表面淬火 B. 化学热处理 C. 回火 D. 退火
7. 机械制造过程常用的时效方法主要有( )。
A. 自然时效 B. 热时效 C. 变形时效 D. 振动时效
E. 沉淀硬化时效
8. 热处理新技术主要有( )。
A. 形变热处理 B. 真空热处理 C. 可控气氛热处理 D. 激光处理
E. 电子束淬火

9. 在机械制造业中，渗氮常用的方法主要是（　　）。
A. 液体渗氮　B. 气体渗氮　C. 离子渗氮　D. 固体渗氮
10. 根据交流电频率不同，感应淬火分为（　　）。
A. 高频感应淬火　B. 中频感应淬火　C. 工频感应淬火　D. 低频感应淬火
11. 目前，在机械制造业中，最常用的化学热处理是（　　）。
A. 渗碳　B. 渗氮　C. 碳氮共渗　D. 渗铝
12. 感应淬火分为（　　）。
A. 高频感应淬火　B. 中频感应淬火　C. 低频感应淬火　D. 工频感应淬火
13. 下面钢中适合表面淬火的是（　　）。
A. 45#　B. 08F　C. 65#
14. 渗碳、渗氮的主要目的是提高工件表面的（　　）。
A. 硬度　B. 耐腐蚀性　C. 耐磨性　D. 抗氧化性
15. 属于化学热处理的有（　　）。
A. 渗碳　B. 渗氮　C. 碳氮共渗　D. 渗金属
16. 化学热处理是通过（　　）3 个基本过程完成的。
A. 加热　B. 分解　C. 吸收　D. 扩散
E. 保温　F. 冷却
17. 常用的表面热处理的方法有（　　）。
A. 表面淬火　B. 化学热处理　C. 回火　D. 退火
18. 热处理新技术主要有（　　）。
A. 形变热处理　B. 真空热处理　C. 可控气氛热处理
D. 激光热处理　E. 电子束淬火
19. 下列化学热处理中，主要目的是提高工件表面硬度和耐磨性的是（　　）。
A. 渗金属　B. 渗碳　C. 渗氮　D. 碳氮共渗

# 第四章　热加工基础

## 练习题一　铸造

### 一、填空题

1. 常用特种铸造包括金属型铸造、________、________、________等。

2. 型砂和芯砂主要由________、________、________、旧砂和水组成。

3. 造型材料应具备一定的________、________、________、透气性、退让性、溃散性等性能。

4. 造型方法通常分为________和________两大类。

5. 手工造型方法有________造型、________造型、________造型、________造型、活块造型、三箱造型、刮板造型。

6. 落砂过早会使铸件产生较大的应力，从而导致________或________。

7. 常用的特种铸造方法有________、________、________、________和________。

8. 铸件的凝固方式是按凝固区域宽度来划分的，有________、________和________ 3 种凝固方式。纯金属和共晶成分的合金宜按________方式凝固。

9. 收缩是铸件产生缩孔和缩松的根本原因，而________收缩是铸件产生变形、裂纹的根本原因。

10. 铸钢铸造性能差的主要原因是________和________。

11. 影响合金流动性的主要因素是________。

12. 铸造生产的优点是________、________和________。

13. 铸造工艺方案设计的内容主要有________、________、________、________等。

### 二、单选题

1. 铸造时冒口的主要作用是(　　)。

   A. 增加局部冷却速度　　B. 补偿热态金属、排气及集渣　　C. 提高流动性

2. (　　)方法生产的铸件不能进行热处理，也不适合在高温下使用。

   A. 金属型铸造　　B. 压力铸造　　C. 熔模铸造

3. 消除铸造热应力，在铸造工艺上应保证(　　)。

   A. 顺序(定向)凝固　　B. 同时凝固　　C. 内浇口开在厚壁处

4. 直浇口的主要作用是(　　)。

   A. 形成压力头，补缩　　B. 排气　　C. 挡渣

5. 在各种铸造方法中，砂型铸造对铸造合金种类的要求是(　　)。

   A. 以碳钢、合金钢为主　　B. 以黑色金属和铜合金为主　　C. 能适用各种铸造合金

6. 制造模样时，模样的尺寸应比零件大一个(　　)。
A. 铸件材料的收缩量
B. 机械加工余量
C. 铸件材料的收缩量+机械加工余量
7. 下列零件适用于铸造生产的有(　　)。
A. 车床上进刀手轮　B. 螺栓　C. 自行车中轴
8. 为提高合金的流动性，生产中常采用的方法是(　　)。
A. 适当提高浇注温度　B. 加大出气口　C. 延长浇注时间
9. 浇注温度过高时，铸件会产生(　　)。
A. 冷隔　B. 粘砂严重　C. 夹杂物
10. 金属型铸造主要适用于浇注的材料是(　　)。
A. 铸铁　B. 有色金属　C. 铸钢
11. 砂芯在铸型型腔是靠(　　)来固定和定位的。
A. 芯骨　B. 芯头　C. 金属液
12. 整体模造型适用于(　　)。
A. 最大截面在中间，形状较复杂的铸件
B. 最大截面在一端，形状较简单的铸件
C. 最大截面在两端，高度较大的铸件
13. 铸件上的拔模斜度应加在(　　)上。
A. 所有面　B. 与分型面平行的面　C. 与分型面垂直的面

**三、判断题**

1. 金属在常温下发生的变形称为冷变形，加热后发生的变形称为热变形。(　　)
2. 挖沙造型时，一定要挖到模样的最大截面处。(　　)
3. 铸造热应力最终的结论是薄壁或表层受拉。(　　)
4. 铸件的主要加工面和重要的工作面浇注时应朝上。(　　)
5. 冒口的作用是保证铸件同时冷却。(　　)
6. 金属型铸造主要用于形状复杂的高熔点难切削合金铸件的生产。(　　)
7. 对黏土湿型砂而言，水分适当时，黏土含量越高，强度也越高。(　　)
8. 在铸铁用黏土湿型砂中，必须全部采用新砂混制型砂。(　　)
9. 铸造生产都希望采用结晶温度范围小的合金或共晶成分合金，原因是这些合金的流动性好，且易形成集中缩孔，从而可以通过设置冒口，将缩孔转移到冒口中，得到合格的铸件。(　　)
10. 为防止铸件产生裂纹，在零件设计时，力求壁厚均匀；在合金成分上应严格限制钢和铸铁中的硫、磷含量；在工艺上应提高型砂及型芯砂的退让性。(　　)
11. 合金的充型能力主要取决于合金的流动性、浇注条件和铸型性质，所以当合金的成分和铸件结构一定时，控制合金充型能力的唯一因素是浇注温度。(　　)

## 四、多选题

1. 属于浇注系统组成的是(　　)。

A. 浇口杯　　B. 直浇道　　C. 冒口　　D. 横浇道

2. 悬浮铸造中悬浮剂常用的添加材料有(　　)。

A. 铁粉　　B. 铸铁丸　　C. 铁合金粉　　D. 钢丸

3. 下列加工方法中,能够制造双金属材料的加工方法是(　　)。

A. 离心铸造　　B. 焊接　　C. 铸造　　D. 压力铸造

4. 浇注系统按内浇道位置不同分为(　　)。

A. 顶注式　　B. 底注式　　C. 中注式　　D. 阶梯式

5. 在铸造过程中,合金流动性将影响铸件质量的好坏,影响合金流动性的主要因素包括(　　)。

A. 合金成分　　B. 浇注温度　　C. 铸型　　D. 模样

# 练习题二 铸造

## 一、填空题

1. 目前铸造方法的种类繁多，按生产方法可分为________、________两大类。

2. 分型选择时，应尽可能使铸件全部或大部置于________内。

3. 确定浇注位置时，重要部位应向________。

4. 浇注系统按位置分类，主要分为________注入式、________注入式、________注入式 3 种形式。

5. 按冒口在铸件位置上分类，主要有________冒口与________冒口之分。

6. 确定砂芯基本原则之一，砂芯应保证铸件________尺寸精度。

7. 封闭式浇注系统，内浇口应置于横浇口________部。

8. 开放式浇注系统，内浇口应置于横浇口________端。

9. 根据原砂的基本组成，铸造原砂可分为________和________两类。

10. ________是指造型时铸件在铸型中所处的位置，它影响铸件的质量。

11. 凝固过程中所造成的体积缩减如得不到液态金属的补充，将产生__________________或__________________。

12. 铸造应力按产生的原因不同，主要可分为________和________两种。

13. 铸件应力过大会引起________、裂纹等缺陷。因此，进行铸件结构设计时，应注意使铸件的________尽量均匀一致。

## 二、单选题

1. 砂芯中的气体是通过(　　)排出的。

A. 芯骨　　B. 芯头　　C. 金属液

2. 特种铸造是指砂型铸造以外的其他铸造方法(　　)。

A. 正确　　B. 错误　　C. 特种铸造仅指金属型铸造

3. 零件的尺寸与铸件的尺寸主要差别是(　　)。

A. 加工余量　　B. 收缩余量　　C. 加工余量和收缩余量

4. 错箱是(　　)。

A. 铸件上下两部分在分型面处错开

B. 放错了另一个上箱

C. 砂箱尺寸选错了

5. 对于形状复杂的薄壁铸件，浇铸温度应(　　)。

A. 高些　　B. 低些　　C. 全部一样

6. 铸造上将颗粒直径大于 22 mm 的岩石风化物称为(　　)。

A. 泥分　　B. 砂

7. 铸造用硅砂的分级依据是(　　)。

A. 二氧化硅含量　　B. 含泥量　　C. 粒度分布　　D. 颗粒形状

8. 铸造用硅砂含(　　)越高，其耐火度越高。

A. $SiO_2$　　B. MgO　　C. $Al_2$　　D. $Fe_2$

9. 铸造用湿型砂中加入煤粉的主要作用是(　　)。
A. 增加型砂透气性　B. 防止铸件黏砂
C. 提高型砂强度　D. 防止型砂黏模
10. 黏土湿型砂的砂型表面强度不高,可能会使铸件产生(　　)。
A. 气孔　B. 砂眼　C. 开裂　D. 缩孔
11. 湿型砂的紧实率指数是表示(　　)的指标。
A. 型砂强度高低　B. 透气性大小　C. 发气量大小
D. 砂中黏土与水的比例是否适宜于造型
12. 防止侵入性气孔的主要方法有(　　)。
A. 降低砂型界面气压　B. 降低浇注温度
C. 降低有效压头　D. 减慢浇注速度
13. 造成机械粘砂的原因有(　　)。
A. 浇注温度高　B. 静压力低　C. 液态时间短　D. 采用旧砂

## 三、判断题

1. 铸件上宽大的水平面浇注时应朝下。(　　)
2. 铸铁的流动性比铸钢的好。(　　)
3. 铸造生产特别适合于制造受力较大或受力复杂零件的毛坯。(　　)
4. 收缩较小的灰铁铸件可以采用定向(顺序)凝固原则来减少或消除铸造内应力。(　　)
5. 相同的铸件在金属型铸造时,合金的浇注温度应比砂型铸造时低。(　　)
6. 压铸由于熔融金属是在高压下快速充型,合金的流动性很强。(　　)
7. 铸件的分型面应尽量使重要的加工面和加工基准面在同一砂箱内,以保证铸件精度。(　　)
8. 采用震击紧实法紧实型砂时,砂型下层的紧实度小于上层的紧实度。(　　)
9. 由于压力铸造有质量好、效率高、效益好等优点,目前大量应用于黑色金属的铸造。(　　)
10. 熔模铸造所得铸件的尺寸精度高,而表面光洁度较低。(　　)

## 四、多选题

1. 以下铸造方法中,(　　)属于特种铸造。
A. 离心铸造　B. 砂型铸造　C. 熔模铸造　D. 压力铸造
2. 常用机器造型起模方法是(　　)。
A. 抛砂　B. 顶箱　C. 翻转　D. 漏模
E. 射压
3. 金属浇注时,如果金属液的温度过低,会导致铸件产生(　　)等缺陷。
A. 浇不到　B. 夹渣　C. 缩孔　D. 裂纹
4. 离心铸造主要用于(　　)铸件的铸造。
A. 汽缸体　B. 缸套　C. 轴套　D. 曲轴箱
5. 常用的金属熔炼设备有(　　)。
A. 冲天炉　B. 电炉　C. 坩埚炉　D. 离心炉

# 练习题三 铸造

## 一、填空题

1. 液态合金充满铸型，获得尺寸正确、轮廓清晰铸件的能力，称为液态合金的________。

2. 铸件上各部分壁厚相差较大，冷却到室温，厚壁部分的残余应力为________应力，而薄壁部分的残余应力为________应力。

3. 任何一种液态金属注入铸型以后，从浇注温度冷却至室温都要经过3个相互联系的收缩阶段，即________、________和________。

4. 浇注位置是指造型时________在铸型中所处的位置，将影响铸件的质量。

5. 铸件浇铸位置的选择必须正确，如重要加工面、大平面和薄壁部分在浇铸时应尽量________，而厚大部位应尽量________，以便安放冒口进行________。

6. 在压力铸造和离心铸造时，因人为加大了充型压力，故________较强。提高浇铸温度是改善合金________的重要措施。

7. 对砂型铸件进行结构设计时，必须考虑合金的________和铸造________对铸件结构提出的要求。

8. 确定砂芯基本原则之一，砂芯应保证铸件________尺寸精度。

9. 铸件的凝固方式主要有________、________和________，其主要依据凝固区的宽窄来划分。

10. 根据金属流动方向和凸模运动方向的不同，挤压可以分为________、________、________和________ 4种。

11. ________获得的砂型可保证铸件的外部形状，________获得的型芯可形成铸件的孔洞，因而是铸造工艺重要的两个________。

12. 为了获得优质铸件，除正确的造型、熔炼合格的铸造合金熔液外，浇注________及浇注________也是影响铸件质量的重要因素。

13. 铸造按生产方法不同可分为________和________。

## 二、单选题

1. 防止机械粘砂的措施有(　　)。

A. 采用粗砂　　B. 提高紧实度

C. 减少煤粉　　D. 提高浇注温度

2. 防止夹砂结疤的措施有(　　)。

A. 用钙基膨润土　　B. 使用煤粉　　C. 提高型砂水分

D. 降低浇注速度　　E. 提高原砂中二氧化硅的含量

3. 下列合金流动性最好的是(　　)。

A. 普通灰铸铁　　B. 铸钢　　C. 可锻铸铁

4. 在下列铸造合金中，自由收缩率最小的是(　　)。

A. 铸钢　　B. 灰铸铁　　C. 白口铸铁

5. 用金属型和砂型铸造的方法生产同一个零件毛坯，一般(　　)。

A. 金属型铸件，残留应力较大，力学性能高

B. 金属型铸件,残留应力较大,力学性能差

C. 金属型铸件,残留应力较小,力学性能高

D. 金属型铸件,残留应力较小,力学性能差

6. 用“最小壁厚”指标限制铸件的壁厚,主要是因为壁厚过小的铸件易产生(　　)。

A. 变形与裂纹　　B. 缩孔和缩松

C. 气孔　　D. 冷隔和浇注不足

7. 铸造中,设置冒口的目的是(　　)。

A. 改善冷却条件　　B. 排出型腔中的空气

C. 减少砂型用量　　D. 有效补充收缩

8. 车间使用的划线平板,工作表面要求组织致密均匀,不允许有铸造缺陷。其铸件的浇注位置应使工作面(　　)。

A. 朝上　　B. 朝下　　C. 倾斜　　D. 无所谓

9. 铸件产生缩松、缩孔的根本原因是(　　)。

A. 固态收缩　　B. 液体收缩

C. 凝固收缩　　D. 液体收缩和凝固收缩

10. 为提高铸件的流动性,在下列铁碳合金中应选用(　　)。

A. $W_C = 3.5\%$　　B. $W_C = 3.8\%$　　C. $W_C = 4.0\%$　　D. $W_C = 4.7\%$

11. 铸件的最大截面在一端,且为平面,其手工造型可选用(　　)。

A. 分模造型　　B. 刮模造型　　C. 整模造型　　D. 挖砂造型

12. 不需挖砂造型的铸件在大批量生产中采用(　　)方法,可大大提高生产效率。

A. 刮板造型　　B. 分模造型　　C. 假箱或成型模板造型　D. 活块造型

13. 确定分型面时,尽量使铸件全部或大部分放在同一砂箱中,其主要目的是(　　)。

A. 利于金属液充填型腔　　B. 利于补缩铸件

C. 防止错箱　　D. 操作方便

**三、判断题**

1. 型腔内只要有气体,就会在铁液中形成侵入性气孔。(　　)

2. 采用压实造型时,其压实比压大于 0.7 MPa 的称为高压造型。(　　)

3. 化学粘砂是铸件表面粘附一层由金属氧化物、砂子、黏土相互作用而生成的低熔点化合物。(　　)

4. 化学粘砂层中的金属氧化物越厚,越难清理。(　　)

5. 树脂砂用于铸造生产能够满足各种铸造合金及不同生产条件的要求。(　　)

6. 热芯盒工艺中的呋喃 I 型树脂砂的强度高低,主要取决于树脂本身的性质,但也与原砂质量、芯盒温度、混制质量等有关。(　　)

7. 影响自硬砂可使用时间和起模时间的因素主要是砂温和环境温度。(　　)

8. 用于热芯盒工艺的树脂砂的发气量较大,但发气速度较快,因此,砂芯不需要加强排气措施。(　　)

9. 浇注温度是影响铸造合金充型能力和铸件质量的重要因素。提高浇注温度有利于获得形状完整、轮廓清晰、薄而复杂的铸件。因此浇注温度越高越好。(　　)

10. 合金收缩经历了 3 个阶段。其中,液态收缩和凝固收缩是铸件产生缩孔、缩松的基本原因,而固态收缩是铸件产生内应力、变形和裂纹的主要原因。(　　)

## 四、多选题

1. 下列选项中，适合用铸造成形的是(　　)。

A. 箱体　　B. 缸体　　C. 薄壁管材　　D. 床身

2. 机械造型的起模方法有(　　)。

A. 顶箱　　B. 漏模　　C. 翻转　　D. 挖砂

3. 如果熔炼金属温度过低，会造成(　　)。

A. 浇不到　　B. 夹渣　　C. 气孔　　D. 裂纹

4. 对于铸件内部的缺陷可进行(　　)检测。

A. 耐压试验　　B. 射线探伤　　C. 超声波探伤　　D. 肉眼观察

5. 下列选项中，属于铸件表面缺陷的有(　　)。

A. 气孔　　B. 砂眼　　C. 裂纹　　D. 浇不到

E. 缩孔

6. 下列选项中，适合于熔模铸造成形的是(　　)。

A. 刀具　　B. 汽轮机叶片　　C. 薄壁小铸件　　D. 圆环

# 练习题四　铸造

## 一、填空题

1. 铸造的化学成分一般来说取决于________。

2. 金属加工中，铸造方法主要分为________和________。

3. ________、________和________的制作是铸造工艺过程中的主要工序。

4. 造型方法通常分为________和________。

5. 造型最关键的步骤是________。

6. 用于生产双金属铸件的铸造方法是________。

7. 铸铁件的型芯多用________涂料，铸钢件的型芯多用________涂料。

8. 铸造生产方法很多，主要分为________和________两类。

9. 机器造型的起模方法有________、________、________ 3 种

10. ________是在较高温度（高于再结晶温度）下对金属材料进行加工的方法。

11. 当铸件的外形两端截面大而中间截面小时，应当采用________造型。

12. 在砂型铸造手工造型中，如果铸件的外形两端截面大而中间截面小时，一般采用________造型。

13. 在砂型铸造中，铸件材料的化学成分取决于________。

## 二、单选题

1. 大批量生产的精度较高的小型锻件常采用(　　)锻造。

A. 自由　　B. 胎模　　C. 模型　　D. 手工

2. 常用于空心回转体铸件的单件、成批、大量生产，并可进行双衬套、轴瓦铸造的方法是(　　)。

A. 金属型铸造　　B. 压力铸造　　C. 离心铸造　　D. 熔模铸造

3. 下列零件适合铸造成型的是(　　)。

A. 电脑主机外壳　　B. 机床主轴　　C. 汽车变速箱体　　D. 轿车外壳架

4. 铸件易产生缺陷的主要原因是(　　)设计不合理。

A. 造型　　B. 浇注系统　　C. 造芯　　D. 熔炼

5. 铸件产生裂纹的原因不正确的是(　　)。

A. 浇注系统开设不当　　B. 铸件壁厚相差大

C. 落砂过早　　D. 浇注速度过快

6. 各种形状复杂的小型铸件适合于用(　　)进行铸造。

A. 熔模铸造　　B. 压力铸造　　C. 离心铸造　　D. 低压铸造

7. 砂型铸造中，金属熔炼对能否获得优质的铸件有着重要影响，熔炼铸钢材料时一般选用(　　)熔炼设备。

A. 冲天炉　　B. 电炉　　C. 坩埚炉　　D. 火焰加热炉

8. 批量生产分型面不是平面的铸件时，采用的造型方法为(　　)。

A. 挖沙造型　　B. 假箱造型　　C. 三箱造型

9. 铸件容易产生缺陷的主要原因是(　　)设计不合理。

A. 造型　　B. 浇注系统　　C. 造芯

10. 适用于大批量生产薄壁、形状复杂的非铁金属小铸件应采用特种铸造中的(　　)铸造。

A. 压力　　B. 金属型　　C. 离心　　D. 熔模

11. 剖分式箱体零件上轴承孔的加工应安排在(　　)

A. 对合面加工前　　B. 对合面加工后装配成整体箱体后

C. 对合面加工后,装配成整体箱体前　　D. 以上均可

**三、判断题**

1. 共晶成分合金不产生凝固收缩,只产生液态收缩和固态收缩,具有很好的铸造性能。(　　)

2. 靠近共晶成分的铁碳合金的铸造性能好。(　　)

3. 模样用来形成铸型的型腔,铸型用于形成铸件的外形等。芯盒用来制造砂芯(型芯用于形成铸件的内孔、内腔或局部外形)。(　　)

4. 凝固温度范围大的合金,铸造时铸件中容易产生缩松。(　　)

5. 离心铸造主要用于铸造回转体零件,浇注时无须设置浇注系统。(　　)

6. 任何形状的零件均可通过铸造获得。(　　)

7. 分模面就是分型面。(　　)

8. 铸造最适应形状简单铸件的生产。(　　)

9. 压力铸造是将熔炼金属在高压下高速填充型腔使其凝固的铸造方法。(　　)

10. 砂型铸造是目前应用最广泛的铸造方法。(　　)

11. 刮板造型适用于具有等截面的大中型回转体铸件的成批大量生产。(　　)

12. 型芯中不能设置通气孔。(　　)

**四、多选题**

1. 下列选项中,属于熔模铸造的特点的是(　　)。

A. 生产周期长　　B. 铸件制造成本高

C. 铸型强度高　　D. 可制造尺寸较大的铸件

2. 下列选项中,属于离心铸造的特点的是(　　)。

A. 铸件组织致密力学性能较好　　B. 内表面质量较差

C. 可不设浇注系统　　D. 可以省去型芯

3. 如果浇注系统设计不合理,铸件容易产生(　　)等缺陷。

A. 冲砂　　B. 夹渣　　C. 气孔　　D. 浇不到

E. 缩孔

4. 铸件清理后,检验时肉眼可观察到(　　)等缺陷。

A. 气孔　　B. 砂眼　　C. 缩孔　　D. 裂纹

5. 铸造生产的重要工序是(　　)。

A. 浇注　　B. 造型　　C. 制芯　　D. 熔炼

6. 浇注系统由(　　)构成。

A. 浇口杯　　B. 直浇道　　C. 横浇道　　D. 内浇道

# 练习题五　铸造

## 一、填空题

1. 造型最关键的操作步骤是________。

2. 用于生产双金属铸件的铸造方法是________。

3. 常用的机器造型的起模方法有________、________、________3 种。

4. 造型、________和________是铸造生产中的主工序。

5. 变形金属面热时发生的显微组织变化过程为________、________、________3 个阶段。

6. 造型材料主要是________和________，主要由________、________、________、旧砂和________组成。

7. 常用的紧砂方法有振实、________、________、抛砂和________，其中以________应用最广。

8. ________是介于重力铸造和压力铸造之间的一种铸造，它适合于非铁金属制作的汽缸体内燃机活塞等铸件。

9. 铸件的壁厚相差较大易产生________。

10. 用型砂及模样等工艺装备制造砂型的方法和过程称为________，分为________和________两大类。________的优劣对铸件的质量起着决定性的作用。

11. 一个完整的浇注系统由________、________、________和________组成。

12. 在砂型铸造过程中，铸件的形状与尺寸主要取决于________和________，而________取决于熔炼。

13. 制造砂型和砂芯用的材料，分别称为________和________，统称为造型材料。

## 二、单选题

1. 在型腔表面刷一层石墨涂料，可提高其耐火性，从而防止铸件产生(　　)。

A. 裂纹　　B. 气孔　　C. 粘砂　　D. 砂眼

2. 没有分型面的造型是(　　)。

A. 整体模造型　　B. 分开模造型　　C. 三箱造型　　D. 熔模造型

3. 落砂时间过早，会使铸件产生(　　)。

A. 较大应力　　B. 飞边　　C. 缩松　　D. 缩孔

4. 制造滑动轴承需在钢套上镶铸薄层轴承合金，此时应采用铸造(　　)。

A. 砂型　　B. 金属型　　C. 离心　　D. 熔模

5. 成批生产机床床身铸件时应采用(　　)铸造方法。

A. 压力　　B. 砂型　　C. 金属型　　D. 熔模

6. 在各种铸造方法中，砂型铸造对铸造合金种类的要求是(　　)。

A. 以碳钢、合金钢为主

B. 以黑色金属和铜合金为主

C. 能适用于各种铸造合金

7. (　　)用于铸造薄壁、形状不复杂且表面轮廓清晰的铸件。

A. 金属型铸造　　B. 压力铸造

C. 低压铸造　　D. 真空密封铸造

8. 铸件容易产生缺陷的主要原因是(　　)设计不合理。

A. 造型　　B. 制芯　　C. 浇注系统

9. (　　)适用于大批量生产薄壁、形状复杂的非铁金属小铸件。

A. 金属型铸造　　B. 压力铸造　　C. 离心铸造　　D. 熔模铸造

10. 机械造型至少应完成(　　)工序。

A. 填砂　　B. 填砂、紧砂　　C. 填砂、起模

11. 机械造型的紧砂方法很多,最常用的是(　　)。

A. 振实　　B. 压实　　C. 振压　　D. 抛砂

12. 适合于大批量生产形状复杂的薄壁铝合金铸件宜选用(　　)铸造方法。

A. 压力铸造　　B. 离心铸造　　C. 金属型铸造　　D. 低压铸造

13. 在常用的金属熔炼设备中,冲天炉适合于熔炼(　　)。

A. 铸铁　　B. 铸钢　　C. 铝合金　　D. 非铁金属

**三、判断题**

1. 活块造型中起模时先起出的是活块。(　　)

2. 金属液的温度过低,在浇注时会使金属的流动性变差。(　　)

3. 最大截面在中部的铸件,一般采用三箱造型。(　　)

4. 离心铸造的主要优点有可省去型芯和浇注系统。(　　)

5. 压力铸造适合于大批量生产薄壁、形状复杂的非铁金属小铸件。(　　)

6. 铸件的化学成分主要取决于熔炼。(　　)

7. 悬浮铸造可明显地提高铸件的力学性能。(　　)

8. 大多数铸件成形后还要经过切削加工才能成为合格的零件。(　　)

9. 低压铸造设备投资少且易实现自动化。(　　)

10. 铸铁件的型芯多用石英粉涂。(　　)

11. 在型芯里放置芯骨时,若是小型芯的芯骨,则一般用铸铁制成。(　　)

12. 离心铸造可以不设浇注系统、型芯,铸件的内表面质量优于外表面质量,适合于空心旋转体铸件。(　　)

13. 分型面是铸件铸型组元间的接合面,为了方便起模,一般分型面应选择在铸件的最大截面处,分型面的选定应保证起模方便,简化铸造工艺,保证铸件质量。(　　)

14. 铸铁的铸造性能比钢好,故常用来铸造形状复杂的工件。(　　)

15. 给铸件设置冒口的目的是排出多余的铁水。(　　)

# 练习题六　锻压

## 一、填空题

1. 可锻性与金属的塑性和变形抗力有关，________越好，变形抗力越小，则________越好；反之，则可锻性越差。

2. 随着金属冷变形程度的增加，金属的强度和硬度________，塑性和韧性________，使金属的可锻性变差。

3. 金属的塑性变形过程实质上是________沿着滑移面的运动过程。

4. 金属加热的目的是________金属的塑性和________金属的变形抗力，以改善金属的________和获得良好的锻后组织。

5. 弯曲件弯曲后，由于有________现象，所以弯曲模具的角度应比成品零件的角度小一个回弹角 $\alpha$。

6. 冲压的基本工序可分为________和________两大类。

7. 锻压是________和________的总称。

8. 在锻压生产中，金属的变形程度常以________来表示，即以变形前后的截面比、长度比或________表示。

9. 宜于锻造的金属应具有良好的________，故可锻铸铁是________锻造的。

10. 锻件坯料加热时，应尽量提高始锻温度，但要避免产生________、________和裂纹、脱碳和严重氧化等缺陷。

11. 金属的锻造性能用________和________来综合衡量。

12. 自由锻的基本工序有________、________、________等。

13. 锻压件是金属在________成形的，故其形状一般比铸件复杂。

14. 板料冲压的基本工序分为________工序和________工序。

## 二、单选题

1. 金属热变形与冷变形的分界线是（　　）。

A. 高于或低于回复温度　　B. 高于或低于再结晶温度

C. 加热温度　　D. 软化温度

2. 锻压过程中，磷是钢中的有害杂质，使钢的强度、硬度显著提高，而塑性、韧性显著降低，尤其在低温时更为严重，这种现象称为（　　）。

A. 冷脆性　　B. 热脆性　　C. 时效脆性　　D. 氢脆

3. 用以综合衡量金属锻造性能的因素是金属的（　　）。

A. 塑性、变形抗力　　B. 弹性　　C. 强度　　D. 冲击韧性

4. 金属的冷变形强化有利于（　　）。

A. 冷变形继续进行　　B. 零件的安全使用

C. 锻压能耗的减少　　D. 工件的塑性成形

5. 选择模锻件分模面的位置时，必须保证的是（　　）。

A. 分模面是一个平面　　B. 各个模腔均浅而宽

C. 模锻件能顺利出模　　D. 分模面采用直线分模

6. 锻造时,不可以采用直接加热工艺的材料是(　　)。

A. 低碳钢　　B. 中碳钢　　C. 高合金钢　　D. 低合金钢

7. 下列制造冷冲压件零件的材料是(　　)。

A. 08F　　B. 45#　　C. 65Mn　　D. ZG270-500

8. 大批量生产形状比较复杂,精度要求较高的中、小型锻件时常采用的锻造方法是(　　)。

A. 自由锻造　　B. 模锻　　C. 胎膜锻

**三、判断题**

1. 锻造既可改变金属坯料的形状又可改善力学性能。(　　)
2. 自由锻工序分为基本工序、辅助工序和精整工序。基本工序包括镦粗、拔长和冲孔等。(　　)
3. 锻件的锻后冷却炉冷是最慢的,常用于合金钢大型锻件、高合金钢重要锻件的冷却。(　　)
4. 可锻铸铁可以进行锻压加工。(　　)
5. 模锻只适合生产中小型锻件。(　　)
6. 选择锤上模锻件分模面时,若最大截面有一个在端面,则应选此面为分模面以简化锻模制造。(　　)
7. 锻造温度是指开始锻造时的温度值。(　　)
8. 金属不能在冷态下进行锻压加工。(　　)
9. 可以通过多次连续打击的方式改善锻件的充满程度。(　　)
10. 塑性较好的零件,其锻压加工成本就低。(　　)
11. 金属加工硬化现象使金属可锻性变差,所以对任何金属制件应该避免。(　　)
12. 再结晶退火能恢复零件的可锻性,所以加热温度越高越好。(　　)
13. 金属锻件的锻造流线只能通过锻造改变。(　　)
14. 拔长时进给量越大则拔长效率越高。(　　)
15. 对于截面宽大的锻件拔长时一般采用单面顺序拔长。(　　)
16. 冲通孔时,为提高孔的同轴度精度,通常采用单面冲孔。(　　)
17. 各种金属材料都可以进行锻压加工。(　　)
18. 细晶组织的可锻性优于粗晶组织。(　　)
19. 非合金钢中碳的质量分数越低,可锻性越差。(　　)
20. 零件工作时的拉应力应尽量与锻造流线方向一致。(　　)
21. 因锻前进行了加热,故任何金属材料均可进行锻造。(　　)

**四、多选题**

1. 下列适用于板料冲压加工的是(　　)。

A. 发动机缸盖　　B. 主机外壳　　C. 仪表壳　　D. 汽车外壳

2. 曲轴类零件锻造基本工序为(　　)。

A. 拔长　　B. 错移　　C. 扭转　　D. 压肩

E. 定径

3. 盘类零件锻造工序为(　　)。

A. 拔长　　B. 错移　　C. 冲孔　　D. 镦粗

E. 扭转

4. 始锻温度过高会造成锻件(　　)。

A. 硬度过高　　B. 过热　　C. 加工硬化　　D. 过烧

5. 下列属于锻压成型方法有(　　)。

A. 自由锻　　B. 挤压　　C. 拉拔　　D. 冲压

6. 金属锻压加工加热的目的是(　　)。

A. 提高塑性　　B. 提高硬度　　C. 降低变形抗拉　　D. 提高抗力

# 练习题七 锻压

## 一、填空题

1. 锻造时加热的目的是提高其________,降低________。
2. 自由锻造一般分为________自由锻和________自由锻两种,前者用于生产小型锻件。
3. 锻压是________和________的总称。
4. 可锻性与金属的________和________有关。
5. 金属塑性变形过程的实质是金属内部的________沿滑移面的运动过程。
6. 板料冲压的基本工序有________和________。
7. 板料冲裁过程包含________、________和________。
8. 冷变形金属加热时发生的显微组织变化过程包括________、________、________。
9. 金属材料的可锻性与________和________相关。
10. 锻造温度的范围是________和________之间的温度间隔。
11. 挤压按温度不同可分为________、________、________3种;按金属的流动方向与凸模运动关系的不同分为________、________、________3种。
12. 金属在锻压加工过程中产生塑性变形而不开裂的能力称为金属的________。
13. 金属在外力作用下产生塑性变形,其变形过程包括________和________。
14. 锻造流线使金属的性能呈________,即________的抗拉强度高,而________的抗拉强度低。

## 二、单选题

1. 自由锻件坯料质量不好,加热不充分,锻造温度过低,会产生(　　)缺陷。
   A. 折叠　B. 轴心裂纹　C. 末端凹陷　D. 裂纹
2. 直径相差较大,有较高的抗弯、抗拉强度的大批量重要轴,其毛坯应采用(　　)。
   A. 圆棒料　B. 铸件　C. 模锻件　D. 自由锻件
3. 利用模具使坯料变形而获得锻件的方法是(　　)。
   A. 机锻　B. 手工自由锻　C. 模锻　D. 胚模锻
4. 锻造时,不可采用直接加热工艺的材料是(　　)。
   A. 低碳钢　B. 中碳钢　C. 高合金钢　D. 低合金钢
5. (　　)是自由锻造的特点。
   A. 精度高　B. 精度低　C. 生产效率高　D. 大批量生产
6. 要炼出含杂质较少的优质钢和高级优质钢,只有用(　　)才能冶炼。
   A. 高炉　B. 平炉　C. 转炉　D. 电炉
7. 主要用于制作航空仪表工业中形状复杂,要求强度高的锻件可采用(　　)。
   A. LF　B. LY　C. LC　D. LD

## 三、判断题

1. 弯曲变形时,弯曲模的角度应比成品件的角度小。(　　)
2. 对于变形深度较大的拉深件,需多次分步拉深变形。(　　)
3. 超塑性变形时材料不会产生颈缩现象。(　　)

4. 拉深变形中拉深件厚度是不会改变的。 ( )
5. 扩孔和缩孔的工艺目的基本相同,只是前者在径向方向尺寸扩大而后者相反。 ( )
6. 落料和冲孔的区别在于前者落下的是成品件。 ( )
7. 在金属材料中,当原子位错密度提高时,材料变形能力降低,易导致变形开裂。 ( )
8. 板料拉深过程中用压边圈压住是防止工件拉穿。 ( )
9. 锻件加热温度越高塑性越好,越利于锻压变形。 ( )
10. 细晶粒的可锻性优于粗晶粒。 ( )
11. 可锻铸铁通常采用锻造成形零件。 ( )
12. 金属中的晶粒越细小,越均匀,其金属的位错运动越难,塑性越差,可锻性则越差。 ( )
13. 锻造流线不能用热处理方法消除,只能通过锻压才能改变其方向和分布。 ( )
14. 坯料在锻造中进行拔长时,每次拔长的进给量必须大于压缩量,否则会发生折叠。 ( )
15. 锻压性能常用塑性和变形抗力来综合衡量,金属塑性越好,变形抗力越小,则锻压性能越好。 ( )
16. 落料和冲孔都属于冲压工序,落料被冲下部分是废品,冲孔周边形成的孔是成品。 ( )
17. 纯金属组织和未饱和的单相固溶体组织具有良好的可锻性。 ( )
18. 冲压件材料应具有良好塑性。 ( )
19. 弯曲模的角度必须与冲压弯曲机的弯曲角度一致。 ( )
20. 落料与冲孔的工序方法相同,只是工序目的不同。 ( )

## 四、多选题

1. 下列属于变形工序的是( )。
A. 拉深　B. 弯曲　C. 翻转边　D. 胀形
E. 剪切
2. 自由锻的基本工序包括( )。
A. 镦粗　B. 拔长　C. 冲孔　D. 切割
E. 扭转　F. 错移
3. 下落材料始锻温度不低于 1 200 ℃的是( )。
A. 碳素结构钢　B. 合金工具钢　C. 优质碳素结构钢　D. 碳素工具钢
4. 自由锻曲轴零件时的基本工序有( )。
A. 镦粗　B. 错移　C. 冲孔　D. 拔长
E. 扭转
5. 常用的胎模有( )。
A. 扣模　B. 套模　C. 摔模　D. 合模
6. 锻压加工的特点有( )。
A. 改善金属内部组织　B. 提高力学性能
C. 节省金属材料　D. 加工适用范围广
7. 板料冲压的分离工序包括( )。
A. 冲裁　B. 拉深　C. 整修　D. 剪切

# 练习题八　焊接

## 一、填空题

1. 焊接电弧由________、________、________3 个部分组成。

2. 生产中按焊接的种类不同，电焊机可以分为________和________两大类。

3. 采用直流弧焊机焊接时，把焊件接________极，焊条接________极的接法称为正接法。

4. 电焊条由________和________组成。

5. 焊接时按焊接在空间位置的不同可为________、________、________、________。

6. 焊接接头的基本形式有________、________、________、________。

7. 气焊的主要设备或工具有________、氧气减压器、________、乙炔减压器、回火防止器、________。

8. 气焊火焰分为________、________、________。

9. 常用的对接接头坡口形式：________坡口、I 形坡口、________坡口、________坡口、X 形坡口等。

10. 焊条电弧焊运条时，焊条的 3 个基本运动是________、________、________。

11. 金属材料焊接接头的热影响区由________、________、________和部分相变区 4 个部分组成。

## 二、单选题

1. 下列焊接方法中属于熔焊的有(　　)。

A. 摩擦焊　　B. 电阻焊　　C. 激光焊　　D. 高频焊

2. 焊接操作中，仰焊操作最困难，(　　)的焊接质量最好。

A. 横焊　　B. 立焊　　C. 仰焊　　D. 平焊

3. 焊接时，焊接电流太小、焊接速度过快会产生(　　)缺陷。

A. 夹渣　　B. 未焊透　　C. 气孔　　D. 焊接裂纹

4. 焊接异种金属要比焊接同种金属(　　)。

A. 容易　　B. 困难　　C. 一样　　D. 较易

5. 只适于水平焊接的是(　　)。

A. 埋弧焊　　B. 钎焊　　C. 电阻对焊　　D. 氩弧焊

6. 焊条电弧焊焊接电流的大小取决于(　　)。

A. 焊条直径　　B. 焊接速度　　C. 接头形式　　D. 焊接位置

7. 直流弧焊机不适合焊接(　　)。

A. 不锈钢　　B. 铜合金　　C. 铝合金　　D. 厚板材

8. 下列焊接方法中，不需要电源的是(　　)。

A. 焊条电弧焊　　B. 气焊

C. 埋弧焊　　D. 二氧化碳气体保护焊

9. (　　)会引起乙炔气瓶或乙炔发生器的爆炸。

A. 正火　　B. 敲打　　C. 回火　　D. 震荡

## 三、判断题

1. 焊条电弧焊是非熔化极电弧焊。　　(　　)

2. 电焊钳的作用只是夹持焊条。 (　　)

3. 选用焊条直径越大时,焊条电流也应越大。 (　　)

4. 在焊条的 4 种空间位置中,横焊是最容易操作的。 (　　)

5. 钎焊时的温度都在 450 ℃以下。 (　　)

6. 焊接是通过加热,用填充材料使工件达到结合的一种工艺方法。 (　　)

7. 焊条电弧焊是一种熔化极焊接。 (　　)

8. 焊条电弧焊引弧是一种接触引弧,氩弧焊是非接触引弧。 (　　)

9. 最易焊接的焊缝是横焊。 (　　)

**四、多选题**

1. 焊接一般结构件时用(　　),焊接重要结构件时用(　　),当焊接处有铁锈、油脂等物时用(　　),要求焊缝抗裂性能高时用(　　)。

A. 酸性焊条　　B. 碱性焊条

2. 焊接电弧中阴极区的温度是(　　),阳极区的温度是(　　),弧柱区的温度是(　　)。

A. 2 400 K 左右　　B. 2 600 K 左右　　C. 6 000~8 000 K

3. 下列焊接方法属于熔焊的有(　　)。

A. 电弧焊　　B. 气焊　　C. 电子束焊　　D. 电阻焊

4. 焊条的选用原则是考虑(　　)。

A. 母材的力学性能和化学成分　　B. 焊件的结构复杂程度和刚性

C. 焊件的工作条件　　D. 生产率和焊接工艺

E. 焊接成本和焊接质量

5. 焊接工艺方面,在结构设计合理的前提下,可采取(　　)工艺措施以达到防止和减小变形的目的。

A. 反变形法　　B. 刚性固定法　　C. 合理安排焊接次序

D. 焊前预热和焊后缓冷　　E. 焊后热处理

# 练习题九 焊接

## 一、填空题

1. 焊接厚度在 3 mm 以下的薄钢板、非铁金属及合金、钎焊刀具及铸铁补焊时应采用________焊。

2. 碱性渣的脱硫能力比酸性渣________。

3. 焊条由________、________两部分组成。

4. 焊件在垂直于焊缝方向上应力和变形叫________和________。

5. 焊接过程中,加热时间不足容易形成________的缺陷。

6. 焊接较厚的钢板时,要在钢板的焊接部位________。

7. 燃烧非常稳定,可以焊接很薄的箔材的电弧方法是________。

8. 焊接电流的选择,主要根据________和焊条直径来确定。

9. 焊条按药皮熔化后的酸碱度可分为________焊条和________焊条。

10. 焊接电弧电压主要与电弧长度有关,电弧越长,则相应的电弧电压________。

11. ________指电弧在焊剂层下燃烧并进行焊接的方法。

## 二、单选题

1. 只适于水平焊接的是(　　)。

A. 埋弧焊　　B. 针焊　　C. 电阻对焊　　D. 氩弧焊

2. 焊条电弧焊的焊条除作为填充材料以外,还有一个作用是作为(　　)。

A. 电源　　B. 电极　　C. 填充材料　　D. 电阻

3. 下列焊接方法中,属于熔焊的是(　　)。

A. 电阻焊　　B. 焊条电弧焊　　C. 钎焊　　D. 摩擦焊

4. 使用酸性焊条焊接薄板时,为防止烧穿可采用(　　)。

A. 交流弧焊机　　B. 直流正接法　　C. 直流反接法　　D. 整流弧焊机

5. 对于焊接的说法,不正确的是(　　)。

A. 与传统的铆接相比,更节省材料　　B. 焊接结构的产品比铆接要好

C. 焊接已基本取代了铆接结构件　　D. 工人劳动强度较大,生产率较低

6. (　　)是目前生产中应用最多、最普遍的一种金属焊接方法。

A. 焊条电弧焊　　B. 埋弧焊　　C. 钎焊　　D. 气焊

7. 焊条 E4303 表示焊接时适合于(　　)焊接。

A 平焊　　B. 角焊　　C. 全位置　　D. 立焊

8. 适合于大批量焊接较厚的大型结构件的直线焊缝和大直径环形焊缝的是(　　)。

A. 氩弧焊　　B. 埋弧焊　　C. 电阻焊　　D. 等离子焊

9. (　　)主要适用于焊接某些焊接性较差的金属材料和精细工件,如不锈钢、难熔金属材料及合金等。

A. 等离子焊　　B. 二氧化碳气体保护焊　　C. 氩弧焊　　D. 埋弧焊

## 三、判断题

1. 气焊回火保护器的作用是不要火焰回流到乙炔瓶引起爆炸。　　(　　)

2. 在选用碳钢焊条时，对于焊接结构刚性大、受力情况复杂的工件，可选用比母材低一级抗拉强度的焊条。 (　　)

3. 焊芯可起到保护熔池与熔滴不受空气侵入的作用。 (　　)

4. 在焊接的 4 种空间位置中，横焊是最容易操作的。 (　　)

5. 药皮的作用之一是向焊缝金属渗入某些合金元素，以提高其力学性能。 (　　)

6. 采用交流弧焊机时，焊条与焊件得到的热量基本是相等的。 (　　)

7. 摩擦焊属于压焊，主要用于等截面的杆状回转体工件的焊接。 (　　)

8. 正接法用于较薄或低熔点金属的焊接，反接法用于较厚或高熔点金属的焊接。 (　　)

9. 压焊焊接必须对焊件加压加热以完成焊接的焊接方法。 (　　)

## 四、多选题

1. 下列属于压焊的是(　　)。

A. 摩擦焊　　B. 爆炸焊　　C. 超声波焊　　D. 电阻焊

2. 下列属于熔焊的是(　　)。

A. 焊条电弧焊　　B. 点焊　　C. 气焊　　D. 埋弧焊

3. 焊接基本操作技术主要包括(　　)。

A. 引弧　　B. 运条　　C. 清理　　D. 焊道收尾

4. 下列焊接方法中，属于熔焊的是(　　)。

A. 埋弧焊　　B. 氩弧焊　　C. 电阻焊　　D. 等离子焊

5. 焊芯在焊接过程中的作用有(　　)。

A. 填充材料　　B. 传导电流，维持燃烧　　C. 保证电弧稳定燃烧　　D. 保护熔池

# 练习题十 焊接

## 一、填空题

1. 直流弧焊机构造________，维修________，成本________，能耗适宜焊接________钢________板材。

2. 直流弧焊机________接法适合于焊接较薄的焊件或不需要较多热量的焊件。

3. 焊道收尾有________收尾法和________收尾法等。

4. 焊条直径的大小与________、________及________有关。

5. 焊接接头基本形式有________接头、________接头、角接头和T形接头等。

6. 焊接基本操作技术主要有________、________和________等。

7. 通过改变氧气和乙炔的比例，可得到________焰、________焰和________焰3种不同性质的焰。

8. 氩弧焊按所用电极不同分为________氩弧焊和________氩焊两种。

9. 钎焊根据焊料熔点高低进行分类，可分为________钎焊和________钎焊。其中________钎焊常用于受力不大的仪表、导电元件等的焊接。

10. 焊接时，焊接电流取决于________，焊条的直径取决于________。

11. 按焊接过程中被焊接金属所处的状态不同，焊接可分成________、________和钎焊3大类。

## 二、单选题

1. 根据规定，氧气瓶外表涂成(　　)并用黑色字标明“氧气”字样。

A. 白色　B. 红色　C. 天蓝色　D. 灰色

2. 气焊时主要采用的接头形式是(　　)。

A. 卷边接头　B. 角接接头　C. T形接头　D. 对接接头

3. 下列选项中，不属于气焊的特点的是(　　)。

A. 焊接时不需要电源　B. 点火时先开氧气阀门，再开乙炔阀门

C. 热影响区较宽，焊件易变形　D. 火焰不易控制，适应性较差

4. 对于二氧化碳气体保护焊的说法不正确的是(　　)。

A. 先从喷嘴中喷出气体，再引燃电弧　B. 焊接速度快，热影响区小

C. $CO_2$ 气体来源广，生产成本低　D. 交、直流焊机均可进行焊接

5. 母材不熔化，而填充材料熔化的焊接方法是(　　)。

A. 电阻焊　B. 钎焊　C. 氩弧焊　D. 激光焊

6. 焊接时，如果母材中含有(　　)，会产生热裂纹。

A. 硫　B. 磷　C. 氢　D. 锰

7. 下列选项中，不属于气焊的主要设备是(　　)。

A. 减压器　B. 回火保险器　C. 直流焊机　D. 焊炬

8. 乙炔燃烧时，绝对禁止使用(　　)来灭火。

A. 二氧化碳灭火器　B. 四氯化碳　C. 黄砂　D. 泡沫灭火器

9. 焊后为消除应力，应采用(　　)方法。

A. 消氢处理　　B. 淬火　　C. 退火　　D. 正火

## 三、判断题

1. 焊条电弧焊是熔化极电弧焊。(　　)
2. 电焊钳在焊接过程中仅起夹持焊条的作用。(　　)
3. 在焊接的空间位置中，横焊是最容易操作的。(　　)
4. 气焊时，如果发生回火现象，应先关闭氧气调节阀。(　　)
5. 钎焊的钎料熔点在 450 ℃以上。(　　)
6. 电阻焊是一种不用填充材料的焊接方法。(　　)
7. 氩弧焊适合于各种位置焊接，焊后无熔渣，易实现自动化焊接。(　　)
8. 焊接与铆接相比，更省材，生产效率也更高。(　　)
9. 气焊是一种不需要电源的焊接方法。(　　)

## 四、多选题

1. 焊接时的主要保护工具有(　　)。

A. 面罩　　B. 焊钳　　C. 护目镜　　D. 手套

2. 对焊接电缆线的说法正确的是(　　)。

A. 起传导电流的作用　　B. 一般用铜芯软线制成

C. 绝缘性能要好　　D. 要有足够的导电截面积

3. 对于焊丝 H08Mn2MoA 的说法正确的是(　　)。

A. 碳的含量为 0.08%　　B. Mn 的含量为 2%

C. 质量等级为高级优质　　D. Mo 的含量小于 1%

4. 焊接时出现烧穿的原因是(　　)。

A. 焊接电流过大　　B. 焊接速度慢

C. 坡口间隙过大　　D. 熔池保护效果不佳

5. 焊接主要考虑的是(　　)。

A. 耗材的力学性能和化学成分　　B. 焊件结构的复杂程度和刚性

C. 焊件的工作条件　　D. 焊接工艺、焊接成本

# 练习题十一　焊接

## 一、填空题

1. 二氧化碳气体保护焊主要用于焊接________钢和________钢薄板。
2. 电弧焊的引弧方法是________和________。
3. 气焊的焊接速度由焊件厚度和焊件________确定。
4. 在焊条电弧焊中，电弧电压主要与________有关。
5. 通过电弧在焊剂层下燃烧进行焊接的方法称为________。
6. 焊接方法通常分为________、________、________。
7. 直流弧焊机正接法时，焊条接________极，焊件接________极。
8. 氮、氢、氧在焊缝中属于__
9. 电阻焊根据接头形式不同 ________、________ 3 种。
10. 焊条电弧焊的电弧热 积成正比。
11. 按可燃气体与氧气的 ________和________两类。



## 二、单选题

1. 焊条电弧焊的焊接电弧阳极区的 是（　　）。
   A. 2 400 K　B. 2 600 K　C. 2 800 K　D. 3 200 K
2. （　　）应用范围广，几乎可以对所有金属进行焊接。
   A. 焊条电弧焊　B. 氩弧焊　C. 埋弧焊　D. 气焊
3. 如果焊接区域有铁锈、油脂、水分，可用（　　）进行焊接。
   A. 酸性焊条　B. 碱性焊条　C. 不锈钢焊条　D. 碳钢焊条
4. 下列不属于焊条中药皮作用的是（　　）。
   A. 稳弧　B. 作为电极
   C. 防止氧化　D. 去硫磷加合金
5. 在焊条电弧焊中，焊接电弧温度最高的部位是（　　）。
   A. 弧柱区　B. 阴极区　C. 阳极区　D. 电焊钳
6. （　　）适合于焊接厚度小于 0.5 mm 的工件，特别适合焊接异种材料。
   A. 摩擦焊　B. 超声波焊　C. 爆炸焊　D. 激光焊
7. 气焊过程中，焊丝与焊件表面的倾角一般为（　　）。
   A. 10°～20°　B. 20°～30°　C. 30°～40°
8. 焊铸铁的常用方法是（　　）。
   A. 焊条电弧焊　B. 气体保护焊　C. 气焊　D. 锡焊
9. 下列焊接方法，属于熔焊的是（　　）。
   A. 埋弧焊　B. 爆炸焊　C. 软钎焊　D. 电阻焊

## 三、判断题

1. 气焊的焊接接头形式主要是搭接接头，当为薄板时可以用 T 形接头。（　　）
2. 电火花加工是指利用金属工件在电解液中产生的阳极溶解作用而进行的加工方法。（　　）

3. 焊接高塑性、高韧性的重要构件应使用酸性焊条。 ( )

4. 点焊主要用于焊接厚度在 3 mm 以下的薄板。 ( )

5. 在进行手工电弧焊时，要求电弧长度尽量短些。 ( )

6. 交流弧电焊机的结构简单、制造方便、成本低、使用方便，是最常用的电焊机；直流弧电焊机的电弧比较稳定，焊接质量较好。 ( )

7. 引弧时，首先将焊条末端与工件表面接触(或划擦)形成短路，待焊条燃烧后，迅速将焊条向上提起 3 ~6 mm 进行焊接。 ( )

8. 氧气瓶、乙炔瓶、液化石油气瓶的减压器可以互换使用。 ( )

9. 电阻对焊适用于断面简单，直径小于 20 mm 的焊件。 ( )

**四、多选题**

1. 焊条中的药皮能起到的作用有( )。

A. 稳弧 B. 造渣

C. 保护熔池 D. 提高焊缝的力学性能

2. 电阻焊接接头形式可分为( )。

A. 点焊 B. 对焊 C. 缝焊 D. 平焊

E. 立焊

3. 对二氧化碳气体保护焊的说法正确的是( )。

A. 气体来源广，成本低

B. 焊接速度快，是焊条电弧焊的 2 ~4 倍

C. 热影响区小，焊接质量高

D. 适合于焊接低碳钢和低碳合金钢薄板

4. 气焊时用的可燃性气体是( )。

A. 乙炔 B. 氧气 C. 二氧化碳 D. 液化气

5. 下列属于焊接接头形式的有( )。

A. 搭接接头 B. 角接接头 C. T 形接头 D. 对接接头

E. Y 形接头

# 第五章　冷加工基础

## 练习题一　切削加工及工艺

### 一、填空题

1. 切削运动包括________和________两个基本运动。

2. 切削用量三要素是指________、________、________。

3. 目前用于生产上的切削刀具材料的种类有________、________、________、________、________。

4. 零件的切削加工工艺由一系列________组成。工序由________、________和________等单元组成。

5. 同一类金属切削机床中，按加工精度不同，可分为________机床、________机床和高精度机床 3 个等级。

6. 工件表面的成形方法有________、________、________、________。

7. 机床的精度包括________、________和________。

8. 按照机床的加工方法、所用刀具及其用途进行分类，可分为车床、钻床、镗床________、________、螺纹加机床、铣床、特种加工机床、刨插床、锯床和其他机床。

9. 机床的功能包括________、________和表面粗糙度。

10. 所有机床都必须通过________和________之间的相对运动来形成一定形状、尺寸和质量的表面。

11. 按加工原理区分加工齿形的方法有________法和________法两种。

### 二、单选题

1. 下列辅助工具能够增加细长轴刚性的是(　　)。

A. 顶尖　　B. 中心架　　C. 锋利的刀具

2. 为了提高孔的表面质量和精度，一般选择(　　)。

A. 铰孔　　B. 车孔　　C. 磨孔　　D. 铣孔

3. 下列机床属于专门化机床的是(　　)。

A. 卧式车床　　B. 凸轮轴车床　　C. 万能外圆磨床　　D. 摇臂钻床

4. 选择加工表面的设计基准作为定位基准称为(　　)。

A. 基准统一原则　　B. 互为基准原则

C. 基准重合原则　　D. 自为基准原则

5. 有些高速钢铣刀或硬质合金铣刀的表面涂敷一层 Tie 或 Tin 等物质,其目的是(　　)。

A. 使刀具更美观　　B. 提高刀具的耐磨性

C. 切削时降低刀具的温度　　D. 抗冲击

6. 通常用球刀加工比较平滑的曲面时,表面粗糙度的质量不会很高。这是因为(　　)。

A. 行距不够密　　B. 步距太小

C. 球刀刀刃不太锋利　　D. 球刀尖部的切削速度几乎为零

7. 为保障人身安全,在正常情况下,电气设备的安全电压规定为(　　)。

A. 42 V　　B. 36 V　　C. 24 V　　D. 12 V

8. 选择粗基准时,重点考虑如何保证各加工表面(　　),以使不加工表面与加工表面间的尺寸、位置符合零件图要求。

A. 对刀方便　　B. 切削性能好

C. 进/退刀方便　　D. 有足够的余量

9. 测量反馈装置的作用是(　　)。

A. 提高机床的安全性　　B. 提高机床的使用寿命

C. 提高机床的定位精度和加工精度　　D. 提高机床的灵活性

10. 通常夹具的制造误差就是工件在该工序中允许误差的(　　)。

A. 1~3 倍　　B. 1/10~1/100 倍　　C. 1/3~1/5 倍　　D. 等同值

11. 在进行位置精度较高的孔系加工时,特别要注意孔加工顺序的安排,主要考虑(　　)。

A. 坐标轴的反向间隙　　B. 刀具的耐用度

C. 控制振动　　D. 加工表面质量

12. 在传统加工中,从刀具的耐用度方面考虑,在选择粗加工切削用量时,首先应选择尽可能大的(　　),从而提高切削效率。

A. 背吃刀量　　B. 进给速度　　C. 切削速度　　D. 主轴转速

13. 短 V 形架对圆柱定位,可限制工件的(　　)自由度。

A. 2 个　　B. 3 个　　C. 4 个　　D. 5 个

14. 根据我国机床型号编制方法,最大磨削直径为 320 mm,经过第一次重大改进的高精度万能外圆磨床的型号是(　　)。

A. MG1432A　　B. M1432A　　C. MG432　　D. MA1432

15. 关于英制螺纹,下列说法不正确的是(　　)。

A. 英制螺纹的螺距参数是每英寸牙数

B. 英制螺纹的导程按近似于调和数列的规律排列

C. 英制螺纹的导程换算成以 mm 表示时,应乘以 25.4 mm

D. 在 CA6140 型车床上车英制螺纹时,进给箱中的传动路线与车削公制螺纹时不同

16. 用于加工 45 钢的硬质合金是(　　)。

A. K 类　　B. P 类　　C. M 类

17. 下列适合于精加工的硬质合金是(　　)。

A. YG3　　B. YG6　　C. YG8　　D. YG5

## 三、判断题

1. 主运动可以是旋转运动,也可以是直线运动。　　(　　)

2. 在切削过程中，进给运动的速度一般远小于主运动速度。（ ）
3. 与高速钢相比，硬质合金突出的优点是硬度高、耐热性好、允许的切削速度高。（ ）
4. 基准是用来确定生产对象上几何要素间的几何关系所依据的那些点、线、面。（ ）
5. 粗基准可重复使用多次。（ ）
6. 为了减少变换定位基准带来的误差，应使尽可能多的表面加工都用同一个精基准。（ ）
7. 安装包括定位和夹紧两项内容。（ ）
8. 用转动小滑板法车圆锥时，小滑板转过的角度就是圆锥角。（ ）
9. 在高温状态下进行的变形加工称为热加工。（ ）
10. 主轴转速分布图能表达传动路线、传动比、传动件布置的位置以及主轴变速范围。（ ）
11. 机床加工某一具体表面时，至少有一个主运动和一个进给运动。（ ）
12. 工件材料的强度、硬度越高，则刀具寿命越短。（ ）
13. 精加工时，使用切削液的目的是降低切削温度，起冷却作用。（ ）
14. 尺寸公差、形状和位置公差是零件的几何要素。（ ）

**四、多选题**

1. 以下各因素中，受切削速度影响最大的是（ ）。
A. 刀具耐用度 B. 切削温度 C. 切削力 D. 断屑
2. 下列措施中，可以显著降低表面残留高度的是（ ）。
A. 减小主偏角 B. 减小副偏角
C. 减小进给量 D. 增大刀尖圆弧
3. 精基准的选择一般遵循的原则有（ ）。
A. 基准重合原则 B. 基准统一原则
C. 自为基准原则 D. 互为基准原则
4. 为下列零件正确选材：机床主轴（ ）；汽车与拖拉机的变速齿轮（ ）；拖拉机履带板（ ）。
A. 20CrMnTi B. 40Cr C. ZGMn13-3 D. GCr15
5. 可以加工外圆表面的机床有（ ）。
A. 车床 B. 钻穿 C. 立铣床 D. 刨床
E. 镗床 F. 磨床
6. 影响刀具耐用度的因素有（ ）。
A. 刀具材料 B. 切削用量 C. 零件形状 D. 刀具几何角度
E. 工件材料
7. 车削 45 钢常用的刀具材料有（ ）。
A. 高速钢 B. 金刚石 C. 陶瓷 D. 硬质合金
8. 用于加工脆性材料的硬质合金刀具是（ ）。
A. K 类 B. P 类 C. YG 类 D. YT 类

# 练习题二　切削加工及工艺

## 一、填空题

1. 加工表面上所具有的较小间距和峰谷所组成的微观几何特征称为________。

2. 目前,先进的加工技术主要有________加工、________制造单元、________加工技术、________加工技术及快速成型技术等。

3. 生产过程包括________过程和________过程两部分。

4. 根据产品的品种和年产量的不同,机械产品的生产可分为________生产、________生产和________生产3种类型。

5. 一般工件的安装方式有3种:________、________和________。

6. 定位基准包括________基准和________基准两种。

7. 工艺基准按用途可分为:________基准、________基准、________基准。

8. 零件加工辅助工序是指________、________、________。

9. 液压传动的工作原理是以________作为工作介质,依靠________来传递运动,依靠________来传递动力。

10. 液压系统可分为________、________、________、________4个部分。

11. 油液的两个最基本特征是________、________,油液流动时的两个基本参数是________、________。

## 二、单选题

1. 静压导轨属于(　　)。

A. 纯液体摩擦　　B. 边界摩擦　　C. 混合摩擦　　D. 滚动摩擦

2. 关于配换齿轮应满足的条件,下列说法不确切的是(　　)。

A. 齿轮齿数应符合机床备有的配换齿轮齿数

B. 应符合挂轮架结构上的要求,以保证各齿轮能够合理地安装在挂轮架上

C. 对于内联系传动键的配换齿轮,应保证其传动比误差在允许范围内

D. 为保证传动平衡可采用斜齿配换齿轮

3. 在双联滑移齿轮变速传动系统结构中,只有当一对处于啮合的齿轮完全脱开后,另一对齿轮才开始进入啮合。所以设计两固定齿轮之间的距离时应(　　)双联滑移齿轮的宽度。

A. 大于　　B. 等于　　C. 小于　　D. 小于等于

4. 下列各表面不属于可逆表面的是(　　)

A. 圆柱面　　B. 平面　　C. 螺旋面　　D. 直齿圆柱齿轮

5. 下列不属于机床在加工过程中完成的辅助运动的是(　　)。

A. 切入运动　　B. 分度运动　　C. 调位运动　　D. 成形运动

6. 下列不属于机床执行件的是(　　)。

A. 主轴　　B. 刀架　　C. 步进电机　　D. 工作台

7. 下列描述正确的是(　　)。

A. 为实现一个复合运动,必须有多个外联系传动链和多条内联系传动链

B. 为实现一个复合运动,必须有一个外联系传动链和一条或几条内联系传动链

C. 为实现一个复合运动,必须有多个外联系传动链和一条内联系传动链
D. 为实现一个复合运动,只需多个内联系传动链,不需外联系传动链

8. 电器故障失火时,不能使用(　　)灭火。
A. 四氯化碳　B. 水　C. 二氧化碳　D. 干粉

9. 用压板装夹工件时,螺栓应尽量靠近工件,压板数目一般不小于(　　)。
A. 4 块　B. 3 块　C. 2 块　D. 5 块

10. 下列关于切削力的说法中,正确的是(　　)。
A. 总切削抗力与总切削力是一对作用力与反作用力
B. 背向力占总切削力的 95%以上
C. 工作材料的强度、硬度越高,总切削抗力越小
D. 前角增大,排屑顺畅,总切削抗力增大

11. 加工套类零件的定位基准是(　　)。
A. 外圆　B. 端面　C. 内孔　D. 外圆或内孔

12. 箱体类零件常采用(　　) 作为统一精基准。
A. 一面一孔　B. 一面两孔　C. 两面一孔　D. 两面两孔

13. 构成工序的要素之一是(　　)。
A. 同一台机床　B. 同一套夹具
C. 同一把刀具　D. 同一个加工表面

14. 若零件各表面均需加工,应选加工余量和公差(　　)的表面为粗基准。
A. 最小　B. 最大　C. 适中　D. 任意

15. 粗加工 HT150 工件宜选用(　　)刀头材料。
A. YG3　B. YG6　C. YG8　D. YT5

16. 钨钴类硬质合金刀头可以用来加工(　　)材料。
A 有色金属　B. 钢材　C. 不锈钢　D. 高锰钢

**三、判断题**

1. 粗基准可以重复多次使用。(　　)
2. 在精加工时,切屑排出应尽量朝向已加工表面方向。(　　)
3. 机床的热变形是影响精密机床工作精度的主要因素。(　　)
4. 切削加工中,主运动是速度较低,消耗功率较小的运动。(　　)
5. 操作人员在选择游标卡尺时,只要其满足测量范围即可。(　　)
6. 粗基准的统一原则:不同工序尽可能选用同一表面作为定位基准,这样,可以避免定位基准变换造成误差;尽可能选用设计基准为定位基准、测量基准和工序基准。(　　)
7. 工艺系统的受力变形仅与外界作用力有关,而与工艺系统刚性无关。(　　)
8. 工序集中有利于保证各加工表面的相互位置精度。(　　)
9. 一个工人在一台车床上粗车外圆后再精车外圆是两个工步。(　　)
10. 工步是在加工表面和加工工具不变情况下所连续完成的那部分工序。(　　)
11. 粗加工时允许产生一些积屑瘤,精加工时应避免产生积屑瘤。(　　)
12. 切削铸铁等脆性材料时,为了减少粉末状切屑,需用切削液。(　　)
13. 当粗加工、强力切削或承受冲击载荷时,要使刀具寿命延长,必须减少刀具摩擦,所以

后角应取大些。 (　　)

**四、多选题**

1. 金属材料抵抗局部变形,特别是(　　)能力称为硬度。

A. 塑性变形　B. 弹性变形　C. 划痕　D. 压痕

2. 评价材料切削加工性好的综合指标有(　　)。

A. 刀具耐用度低　B. 许用切削速度较高

C. 加工表面质量易于保证　D. 断屑问题易于解决

E. 切削力大

3. 精基准的选择一般遵循的原则有(　　)。

A. 基准重合原则　B. 基准统一原则　C. 自为基准原则　D. 互为基准原则

E. 受力变形小原则　F. 定位基准稳定、便于安装、便于加工原则

4. 以下各因素中,受切削速度影响最大的是(　　)。

A. 刀具耐用度　B. 切削温度　C. 切削力　D. 断屑

5. 下列措施中,可以显著降低表面残留高度的是(　　)。

A. 减小主偏角　B. 减小副偏角　C. 减小进给量　D. 增大刀尖圆弧

# 练习题三　切削加工及工艺

## 一、填空题

1. 金属切削机床是一种用切削方法加工金属零件的工作机械，它是制造机器的机器，因此又称为________或工具机。

2. 采用卸荷式皮带轮，其作用是将皮带的________卸除到箱体，而将________传递给皮带轮轴。

3. ________是制订工艺规程的最基本的原始资料，________是工艺过程的基本单元。

4. 定位基准的作用主要是保证________的________精度。

5. 板料冲压基本工序可分为________工序和________工序。

6. 定位基准选择的总原则是从相互有________的表面中选择。

7. 按照工序性质和作用不同，定位基准可分为________和________两类。

8. 基准重合的原则是指设计基准和________相重合，以避免因基准不重合引起的________。

9. 装夹是指工件加工前使其在机床上或夹具中获得一个正确而固定的位置的过程，包括工件定位和________两个部分。

10. 加工表面质量包括零件表面微观几何形和________、________。

11. 轴类零件的主要表面是________和________。

## 二、单选题

1. 大批量生产 $\phi60+0.030$ 的内孔时，应选用的量具是(　　)。
   A. 千分尺　　B. 塞规　　C. 环规

2. 在选择精基准时，尽可能采用(　　)作为定位基准。
   A. 设计基准　　B. 测量基准　　C. 工艺基准

3. 零件的切削加工工艺过程由一系列(　　)组成。
   A. 工序　　B. 安装　　C. 工步

4. 冷却效果最好的切削液是(　　)。
   A. 乳化液　　B. 油基切削液　　C. 合成切削液　　D. 硫化切削液

5. 机械加工工序卡片记载的主要内容是(　　)。
   A. 工序简图　　B. 工序余量　　C. 工序基准　　D. 工序尺寸

6. 划分工序的主要依据是(　　)。
   A. 生产批量的大小　　B. 零件在加工过程中工作地是否变动
   C. 生产计划的安排　　D. 零件结构的复杂程度

7. 阶梯轴的加工过程中，“调头继续车削”属于变换了(　　)。
   A. 工序　　B. 走刀　　C. 工位　　D. 安装

8. 在大批量生产中，用于具体指导工人生产的工艺文件是(　　)。
   A. 工序卡　　B. 工艺过程卡　　C. 工序图　　D. 工艺基准

9. 箱体类零件在加工过程中，其加工顺序应遵循(　　)的原则。
   A. 先面后孔　　B. 先孔后面　　C. 先次后主　　D. 先精后粗

10. 基准统一原则的特点是(　　)。

A. 加工表面的位置精度高　　B. 夹具种类增加

C. 工艺过程复杂　　D. 加工余量均匀

11. 对采用两顶尖装夹的说法正确的是(　　)。

A. 不用鸡心架　　B. 加工长而较重工件　　C. 前后顶尖应对中　　D. 以上都可以

12. 有一批长度为 55 mm,键槽长度为 35 mm,轴的外径尺寸公差为 0.2 mm,键槽对称度要求较高的工件,最好用(　　)装夹。

A. V 形架　　B. 平口钳　　C. 分度头　　D. 压板

13. 单件小批生产时,一般采用(　　)。

A. 工序分散　　B. 工序集中　　C. 根据具体情况确定工序的集中与分散

14. 加工余量的概念是(　　)。

A. 在加工过程中从被加工表面上切除金属的速度

B. 在加工过程中从被加工表面上切除的金属层宽度

C. 在加工过程中从被加工表面上切除的金属长度

D. 在加工过程中从被加工表面上切除的金属层厚度

15. 用几把刀具同时加工工件几个表面称复合工步,在工艺文件中复合工步应视为(　　)。

A. 一道工序　　B. 一个工位　　C. 一个工步　　D. 一项安装

16. 现要车 45 钢的小轴,宜采用的硬质合金是(　　)。

A. YT　　B. YG　　C. YW　　D. YA

17. 适用于钢、铸钢的中低速粗加工的是(　　)。

A. YT15　　B. YG1　　C. YT5　　D. YG3

**三、判断题**

1. 过定位是超过六点的定位方式。(　　)

2. 主运动是切下切屑所需要的最基本的运动。任何切削过程,通常只有一个主运动,最多不超过两个主运动。(　　)

3. 金属的工艺性能是指在各种加工中表现出来的性能。(　　)

4. 机床的床身、床腿、尾座、主轴箱体、手轮等是用铸造方法生产的。(　　)

5. 在切削运动中,进给运动的特点是速度低但消耗功率大。(　　)

6. 所有机床都有主运动和进给运动。(　　)

7. 加工时工作场地是否变动是区分工步的主要依据。(　　)

8. 直径相差较大的或重要的阶梯轴,大多采用圆棒料。(　　)

9. 粗加工轴时常采用轴的外圆或外圆与中心孔共同作为定位基准。(　　)

10. 轴类零件内孔与外圆表面间有较高的同轴度要求,当不能在一次安装中同时实现内孔与外圆的加工时,应遵循基准统一原则。(　　)

11. 加工轴类零件时采用两端中心孔作精基准,既符合基准重合原则,又符合基准统一原则。(　　)

12. 一个工序中只能包含一个安装。(　　)

13. 切削铸铁、铝合金时,由于使用切削液的作用不明显,一般不用切削液。(　　)

14. 大批量生产类型的工艺特征是:选用专用机床和专用刀具、夹具、量具,对操作工人的技术要求高。（　　）

**四、多选题**

1. 以下各角度是在基面内测量的是(　　)。
   A. 前角　B. 后角　C. 主偏角　D. 副偏角
   E. 刃倾角
2. 零件加工过程中为了合理安排切削加工顺序,一般遵循以下几个原则:(　　)。
   A. 先粗后精　B. 先基准后其他　C. 先主后次　D. 先面后孔
3. 对于切削刀具来说,切削刀具的(　　)是重要的因素。
   A. 材料　B. 硬度　C. 几何角度　D. 热硬性
4. 工艺基准按用途可以分为(　　)。
   A. 设计基准　B. 定位基准　C. 测量基准　D. 装配基准
   E. 定形基准
5. 精基准的选择原则是(　　)。
   A. 基准先行　B. 粗精分开　C. 基准重合　D. 基准统一
   E. 互为基准

# 练习题四　切削加工及工艺

## 一、填空题

1. 以工序为单位简要说明零件的加工过程的工艺文件是机械加工________卡。

2. 工件加工前使其在机床上或夹具中获得一个正确且固定的位置的过程称为装夹，它包括工件________和________两部分内容。

3. ________是制订工艺规程的最基本的原始资料。

4. 外圆直径相差较大的阶梯轴，应选择________毛坯。

5. 防止套类零件变形的工艺措施主要从 3 个方面入手：减少切削力和切削热的影响，减少夹紧力的影响，减少________的影响。

6. 浮动铰孔、无心磨削外圆采用的基准是________基准原则。

7. 工序是编制________和进行________的基本依据。

8. 随着自动、半自动机床、数控机床的使用日益广泛，应多采用________的原则制订工艺过程和组织生产。

9. 粗加工阶段主要的问题是________。

10. 半精加工的主要任务是使零件达到一定的准确度，为________的精加工作好准备，并完成________的加工；精加工阶段主要考虑如何保证________。

## 二、单选题

1. 工序集中有利于保证各加工表面的(　　)。
   A. 尺寸精度　　B. 形状精度　　C. 相互位置精度　　D. 表面粗糙度

2. 剖分式箱体零件上轴承孔的加工应安排在(　　)。
   A. 对合面加工前　　B. 对合面加工后装配成整体箱体后
   C. 对合面加工后，装配成整体箱体前　　D. 以上均可

3. 加工箱体零件时，应选择(　　)面为精基准。
   A. 主要轴承孔表面　　B. 凸缘的上下不加工表面
   C. 装配基准面　　D. 按划线找正

4. 浮动铰孔、珩磨内孔、无心磨削外圆等都是采用(　　)。
   A. 基准重合原则　　B. 基准统一原则　　C. 互为基准原则　　D. 自为基准原则

5. 加工中由于定位基准与设计基准不重合而产生的基准不重合误差，是发生在用(　　)获得尺寸的情况下。
   A. 试切法　　B. 调整法　　C. 定尺寸刀具法　　D. 自动控制法

6. 标准件的生产属于(　　)。
   A. 单件生产　　B. 成批生产　　C. 大量生产　　D. 中批生产

7. 以下属于工序集中的特点是(　　)。
   A. 工序内容单一　　B. 对工人的技术水平要求低
   C. 容易保证各加工面的相互位置精度　　D. 工人数量多，生产面积大

8. 零件图上所采用的基准是(　　)。
   A. 设计基准　　B. 工序基准　　C. 装配基准　　D. 定位基准

9. 普通机床的主轴箱、主轴轴承孔的尺寸精度为(　　)。

A. IT5　　B. IT6　　C. IT7　　D. IT8

10. 下列不属于工艺基准的是(　　)。

A. 设计基准　　B. 定位基准　　C. 工序基准　　D. 测量基准

11. 切削高强度钢、高温合金等难切削材料时,应选用的切削液是(　　)。

A. 极压乳化液　　B. 合成切削液　　C. 切削油　　D. 乳化液

12. 零件的生产纲领越大,其毛坯制造应该(　　)。

A. 简化,以节省毛坯制造费用　　B. 提高精度,以减少机械加工的工作量

C. 增加余量,以降低毛坯的废品率　　D. 减小余量,以降低毛坯的废品率

13. 自为基准是以加工面本身为精基准,多用于精加工或光整加工工序,这是由于(　　)。

A. 符合基准重合原则　　B. 符合基准统一原则

C. 保证加工面的余量小而均匀　　D. 保证加工面的形状和位置精度

14. 装夹工件后,工件与夹具或设备的可动部分一起相对于刀具或设备的固定部分所占据的每一个位置称为(　　)。

A. 工位　　B. 安装　　C. 装夹　　D. 工步

15. 加工时用来确定工件在机床上或夹具中的正确位置所使用的基准为(　　)。

A. 工艺基准　　B. 定位基准　　C. 测量基准　　D. 装配基准

16. 加工箱体零件时,应选择(　　)为精基准

A. 主要轴承孔表面　　B. 凸缘的上下不加工表面

C. 装配基准面　　D. 按划线找正

**三、判断题**

1. 孔和轴的加工精度越高,则其配合精度也越高。(　　)

2. 工序是工艺过程的基本单元,如一个工人在同一台机床上生产了两个零件则为两道工序。(　　)

3. 切屑在形成过程中往往塑性和韧性提高、脆性降低,使断屑成了内在的有利条件。(　　)

4. 切削加工时,主运动通常是速度较低、消耗功率较小的运动。(　　)

5. 安装在刀架上的外圆车刀切削刃高于工件中心时,可使切削时的前角增大,后角减小。(　　)

6. 金属切削加工是用切削刀具将坯料或工件上多余材料切除,以获得所要求的几何形状、尺寸精度和表面质量的方法。(　　)

7. 在切削用量三要素中,对刀具耐用度影响最大的是背吃力量。(　　)

8. 中心架一般用于车削不允许接刀的细长轴。(　　)

9. 金属的冷加工是在低于常温下进行的加工。(　　)

10. 加工表面和刀具不变时完成的那一部分工艺过程称为工步。(　　)

11. 低碳钢硬度低,切削加工性最好,中碳钢次之,高碳钢最难切削。(　　)

12. 金属切削过程就是把多余金属变成切屑的过程。(　　)

13. 切削热和切削力的产生原因相同。(　　)

14. 由于切削热的影响，会使车出工件的尺寸发生变化。 (    )
15. 牌号 YT15 表示钨钛钴类硬质合金，YT 代表(硬钛)，15 表示含钛 15%。 (    )
16. 为消除应力、改善切削加工条件，切削前应对铸、锻、焊件进行处理。 (    )

**四、多选题**

1. 一般来说，在为典型表面选择加工方法时，应遵循的原则是(    )。
   A. 表面加工要分阶段进行　B. 几种加工方法配合选用
   C. 选择的加工方法要与生产类型相适应　D. 综合考虑工件材料特点
2. 按夹具的使用特点分类，夹具可分为(    )。
   A. 通用夹具　B. 专用夹具　C. 可调夹具　D. 组合夹具
   E. 拼装夹具
3. 机械零件的典型表面主要是指(    )。
   A. 外圆面　B. 内圆面　C. 平面　D. 成形表面
4. 根据工件的形状和锥度大小，外圆锥面一般采用的磨削方法是(    )。
   A. 转动工作台　B. 转动头架　C. 转动砂轮架　D. 转动尾架
5. 板料冲压中，属于变形工序的是(    )。
   A. 剪切　B. 弯曲　C. 拉深　D. 翻边

# 练习题五 切削加工及工艺

## 一、填空题

1. 切削工件时,切削速度越高,刀具寿命________。

2. 切断 45 钢,应采用的切断方法是________,此时切削速度和进给量都不宜太大。

3. 该零件毛坯选择模锻件,是因为模锻件尺寸精确,可减小________从而减小切削引起的变形。

4. 为减小夹紧力对零件的影响,该零件采用径向夹紧时,应尽可能使径向夹紧力沿________均匀分布,如使用过渡套、弹性套等。

5. 该零件内、外圆表面须经多次反复加工达到最终要求,因此加工时应遵循________原则。

6. 三爪卡盘的三个卡爪可同时向中心移动,因此具有自动________的作用。

7. 刀具从刃磨后开始切削直到磨损量达到磨钝标准为止的纯切削时间,称为________。

8. 低速切削塑性材料时,容易发生________磨损。

9. 重复定位能提高工件的________,但对工件的定位精度有影响,一般是不允许的。

10. 粗车时,切削速度的增大,主要受________限制。

11. 零件的生产过程包括________和________。

## 二、单选题

1. 精基准采用基准重合原则可以(  )。

A. 使夹具设计简单　　B. 保证基准统一

C. 使切除余量均匀　　D. 避免基准不重合引起的定位误差

2. 1 英寸 = (  ) mm。

A. 25.4　　B. 25.5　　C. 25.6

3. 下列选项中,不属于工艺过程的是(  )。

A. 铸造　　B. 热处理　　C. 检验　　D. 装配

4. (  )是生产管理和经济核算的基本单元。

A. 工步　　B. 工序　　C. 工位　　D. 工艺

5. 在钻床上进行一个孔加工,先钻孔,然后扩孔,最后锪平,此道工序有(  )个工步。

A. 1　　B. 2　　C. 3　　D. 4

6. 机械加工(  )一般用于大批量生产的零件。

A. 工艺卡　　B. 工艺过程卡　　C. 工序卡

7. 下列选项中,不属于位置精度的是(  )。

A. 垂直度　　B. 对称度　　C. 同轴度　　D. 圆柱度

8. 应尽可能选择(  ) 基准作为精基准。

A. 定位　　B. 设计　　C. 测量　　D. 工艺

9. 轴类零件用双中心孔定位时,能消除(  )个自由度。

A. 3　　B. 4　　C. 5　　D. 6

10. 能装夹两种或两种以上工件的夹具称为(　　)夹具。

A. 专用　　B. 通用　　C. 组合

11. 工件以内孔定位时,定心精度高的是(　　)。

A. 圆柱心轴　　B. 小锥度心轴　　C. 螺纹心轴

12. 轴类工件在长 V 形架上定位时,限制了(　　)个自由度。

A. 2　　B. 3　　C. 4　　D. 5

13. 下面字母中可以是机床类别代号,也可是机床通用特性代号的是(　　)。

A. Y　　B. M　　C. S　　D. H

14. 在选择精基准时,尽可能采用(　　)作为定位基准。

A. 设计基准　　B. 测量基准　　C. 工艺基准

15. 零件的切削加工工艺过程由一系列(　　)组成。

A. 工序　　B. 安装　　C. 工步

## 三、判断题

1. 消除冷变形强化现象的方法是安排合理的退火工序。(　　)

2. 加工时工作场地是否变动是区分工步的主要依据。(　　)

3. 衡量材料切削加工性的常用指标有刀具耐用度、切削力、切削温度、相对加工性。(　　)

4. 粗基准可以重复使用。(　　)

5. 锻件冷却方法中的空冷是冷却速度较快的一种冷却方式,适用于低碳钢、中碳钢的小型锻件。(　　)

6. 由于大部分零件的损坏都是疲劳造成的,所以减小和消除疲劳失效对提高零件使用寿命有重要的意义。(　　)

7. 只有车刀前角值的大小对切削力才有直接影响。(　　)

8. 零件表面层缺陷的探伤一般安排在切削加工开始之前或粗加工之后。(　　)

9. 在设计夹具时,为防止切削力使零件变形而导致精度降低,所以夹紧力要尽可能地接近于加工表面。(　　)

10. 工件以圆锥孔在较长心轴上定位,可限制工件 3 个自由度。(　　)

11. 辅助支承不能起限制工件自由度的作用。(　　)

12. 欠定位在加工过程中是允许的。(　　)

13. 粗基准就是在进行粗加工时使用的基准。(　　)

14. 粗加工的目的是尽快地去除余量,所以不管粗加工去除的余量有多大,都可以通过一次走刀来达到粗加工的精度要求。(　　)

## 四、多选题

1. 精基准选择的原则有(　　)。

A. 基准统一原则　　B. 基准重合原则　　C. 互为基准原则　　D. 基准先行原则

2. 典型切削加工工艺过程安排要遵循的原则有(　　)。

A. 基准先行原则　　B. 粗精分开原则　　C. 先主后次原则　　D. 先孔后面原则

3. 下列属于零件生产工艺过程的是(　　)。

A. 热处理　　B. 铸造　　C. 维修　　D. 切削

4. 下列生产属于辅助过程的是(　　)。

A. 铸造　　B. 维修　　C. 去毛刺　　D. 清洗

5. 根据基准的作用不同,可将基准分为(　　)。

A. 设计基准　　B. 工艺基准　　C. 定位基准　　D. 测量基准

# 练习题六　车、镗削

## 一、填空题

1. 外圆车刀的切削部分由________面、________面、________面、________刃、________刃和________尖组成。

2. 一把普通外圆车刀的主要角度有________、________、________、________、________、________。

3. 车床主要用于加工________表面。

4. 卧式车床常用的附件有________盘、________盘、________尖、拔盘、鸡心夹头、中心架、跟刀架和________轴等。

5. 车成形回转面的加工方法有________法、________法和________法。

6. 镗削加工时主运动为________，进给运动为________。

7. 在车削过程中，工件上形成了________表面、________表面、________表面。

8. 车刀一般由________和________两部分组成。

9. Z3040 型摇臂钻床型号的含义：Z 表示________，30 表示________，40 表示________。

10. CA6140 车床可车削________、________、________、________ 4 种标准的常用螺纹。

11. 卧式车床主要由________、________、________、________、________和床身组成。

12. 镗床的主要类型有________、________和________。

13. 主轴旋转精度是指主轴回转轴线的________，主轴前端工夹具定位面的径向跳动和主轴轴肩支承面的________。

14. 普通滑动导轨常采用________和________调整间隙。

15. 为了防止机床运动发生干涉，在机床传动机构中，应设置________装置。

16. 根据误差传递规律，内联系传动链应采用________传动，以缩小中间传动副的传动误差。

17. CA6140 型普通车床的主参数是床身上________。

18. CW6180C 操作机床的代号中 80 代表切削参数________。

19. 立式车床的工作原理是利用工件的________和刀具的________来完成加工工件。

## 二、单选题

1. 切削刀具的前角是在(　　)内测量的前面与基面的夹角。

　A. 正交平面　　B. 切削平面　　C. 基面

2. 卧式车床的主运动是(　　)。

　A. 工件的旋转运动　　B. 车刀的横向进给运动　　C. 车刀的纵向进给运动

3. 下列对 CM7132 描述正确的是(　　)。

　A. 卧式精密车床，床身最大回转直径为 320 mm

　B. 落地精密车床，床身最大回转直径为 320 mm

　C. 仿形精密车床，床身最大回转直径为 320 mm

　D. 卡盘精密车床，床身最大回转直径为 320 mm

4. 坐标镗床属于(　　)机床。

A. 普通　　B. 精密　　C. 高精度　　D. 不动

5. 主轴转速 $n$(r/min)与切削速度 $v$(m/min)的关系表达式是(　　)。

A. $n=\pi vD/1\ 000$　　B. $n=1\ 000\pi vD$　　C. $v=\pi nD/1\ 000$　　D. $v=1\ 000\pi nD$

6. 按一般情况,在制作金属切削刀具时,硬质合金刀具的前角(　　)高速钢刀具的前角。

A. 大于　　B. 等于　　C. 小于　　D. 平行于

7. CA6140 型车床主传动系统采用的传动是(　　)。

A. 多公比　　B. 多速电机　　C. 分支传动　　D. 交换齿轮

8. 普通车床床身的变形主要是(　　)。

A. 弯曲变形　　B. 弯曲变形与扭转变形

C. 扭转变形　　D. 局部拉压变形

9. 车床床身导轨的直线度、平行度以及刀架溜板移动方向与主轴轴线的平行度属于机床的(　　)。

A. 定位精度　　B. 几何精度　　C. 传动精度　　D. 加工精度

10. 普通车床主轴前端的锥孔,采用的锥度是(　　)。

A. 米制　　B. 莫氏　　C. 英制　　D. 公制

11. 关于拉床的使用范围及类型,下列说法不正确的是(　　)。

A. 拉床主要用于加工通孔、平面、沟槽及直线成形面

B. 拉削加工精度较高,表面粗糙度较细

C. 拉床的主参数是机床最大拉削长度

D. 一种拉刀只能加工同一形状的表面

12. 转塔式六角车床不具有的部件是(　　)。

A. 丝杠　　B. 光杠　　C. 主轴箱　　D. 横刀架

13. 在 CA6140 普通车床上,车削螺纹和机动进给分别采用丝杠和光杠传动,其目的是(　　)。

A. 提高车削螺纹传动链传动精度

B. 减少车削螺纹传动链中丝杠螺母副的磨损

C. 提高传动效率

D. A、B、C 之和

14. 把传动件布置在传动轴的径向支承附近,一般可以提高传动轴的(　　)。

A. 刚度　　B. 强度　　C. 稳定性　　D. 精度

15. CA6140 型普通车床上采用的进给箱是(　　)。

A. 双轴滑移齿轮式　　B. 三轴滑移齿轮式　　C. 塔轮式　　D. 交换齿轮式

16. 镗削加工时,所需的主运动是(　　)。

A. 镗刀的进给运动　　B. 工件的进给运动　　C. 镗刀的旋转运动

**三、判断题**

1. 刀尖就是一个点。　　(　　)

2. 在切削过程中,切削刀具前角越小,切削越轻快。　　(　　)

3. 副偏角 $k$ 是在基面中测量的，副切削刃在基面上的投影与进给反方向之间构成的夹角。（　　）

4. 减小切削刀具后角可减少刀具后面与已加工表面的摩擦。（　　）

5. 用三面刃铣刀加工台阶面时，铣刀的宽度应大于台阶面的宽度。（　　）

6. CA6140 中的 40 表示床身最大回转直径为 400 mm。（　　）

7. 卧式镗床只能用于镗孔加工。（　　）

8. 在普通车床上加工工件的尺寸精度可达到 IT3。（　　）

9. 车床的主轴箱是主轴的进给机构。（　　）

10. 高速钢刀具用于承受冲击力较大的场合，常用于高速切削。（　　）

11. 在切削加工中，从切削力和切削功率的角度考虑，加大背吃刀量比加大进给量有利。（　　）

12. 加工硬化主要是由刀尖圆弧半径太大造成的。（　　）

13. 在 CA6140 型车床上主要是为了：①提高车削螺纹传动链的传动精度；②减小螺纹传动链中丝杠螺母副的磨损以长期保持其传动精度，所以车削螺纹与机动进给分别采用丝杠和光杠传动。（　　）

14. 拉孔的进给运动是靠刀齿齿升量来实现的。（　　）

15. 机床加工的共性是：把刀具和工件安装在机床上，由机床产生刀具与工件间的相对运动，从而切削出合乎要求的零。（　　）

16. 车床上可以加工螺纹、钻孔、圆锥体。（　　）

**四、多选题**

1. 车成形回转面的切削加工方法有（　　）。
A. 双手控制法　　B. 成形刀法　　C. 宽刀法　　D. 靠模法

2. 外圆锥面一般采用（　　）的磨削方法。
A. 转动工作台　　B. 转动头架　　C. 移动砂轮架　　D. 转动砂轮架

3. 型号 CC6140 表示（　　）。
A. 车床　　B. 普通　　C. 加重型

4. 安装车刀时，若刀尖高于工件轴心线会导致（　　）。
A. 工作前角变大　　B. 工作前角变小　　C. 工作后角变大　　D. 工作后角变小

5. 车削时，主轴转速升高后，（　　）随之增加。
A. 切削速度　　B. 进给速度　　C. 进给量　　D. 切削深度

6. 切削加工时，须有两个进给运动的有（　　）。
A. 刨斜面　　B. 磨外圆　　C. 铣直齿　　D. 滚齿

7. 切削运动中，具有间歇运动特点的机床有（　　）。
A. 插床　　B. 磨床　　C. 镗床　　D. 刨床

# 练习题七 车、镗削

## 一、填空题

1. 目前所使用的车床刀具，按刀具的结构可分为整体车刀、硬质合金焊接式车刀、机夹可转位车刀，刀具的刀杆或刀体一般采用________、________结构钢制成，经调质后硬度达到________。

2. 衡量刀具材料切削性能的主要指标是________，又被称为________。

3. 目前主要使用的车刀有________和________。

4. 车刀的刃磨方法，一般分为________和________两种。

5. 常用的砂轮机有________（白色）和________（绿色），前者主要用于刃磨高速钢车刀和硬质合金焊接面及刀杆部分，后者主要用于刃磨硬质合金车刀。

6. 车床卡盘主要有________、________两种，前者主要用于________，后者主要用于________。

7. 车床丝杆主要用于________，光杆主要用于________。

8. 刀具的耐磨性一般指________，一般刀具材料的硬度越高，耐磨性越好。

9. 硬度高的刀具材料其强度和韧性较差，主要用于________。反之，硬度低的刀具材料强度和韧性较好，主要用于________。

10. 常用刀具材料有________、合金工具钢、________、________、陶瓷和超硬刀具材料。

11. 刀倾角 $\lambda_s$ 控制切屑流方向，当刀倾角为负值时切屑流向________已加工表面。

12. 车刀静止状态下的角度有________ $r_o$、________ $\alpha$、副后 $\alpha'$、________ $k_r$、________ $\lambda_s$、副偏角 $k_r'$。

13. 副偏角 $k_r'$的作用________的摩擦一般取较小的副偏角可减小________。

14. 切屑的种类有________、________、________、切削铸铁、青铜等脆性材料时，切削呈现________。

15. 影响切屑种类的因素有________、________、________。

16. 切削的三要素为________、________、________（切削深度）。

17. 刀具切削部分的结构要素由________、________、________构成。

18. 切削用量中，对断屑影响最大的是________，其次是________和________。

19. 背吃刀量又称切削深度其一般指________间垂直距离。

## 二、单选题

1. 下列运动不属于卧式镗床的工作运动的是（　　）。

A. 镗轴的轴向进给运动　　B. 平旋盘刀具溜板径向进给运动

C. 工作台的转位运动　　D. 主轴箱垂直进给运动

2. 车削加工时，工件的旋转是（　　）。

A. 主运动　　B. 进给运动　　C. 辅助运动　　D. 连续运动

3. 车孔的关键在于（　　）。

A. 合理选择切削用量　　B. 合理选择刀具几何角度

C. 提高刀杆刚性和排屑　　D. 合理选择装夹方法

4. 车削细长轴的端面或钻孔时，为增加工件刚度，常用的辅助支承是(　　)。
A. 中心架　B. 跟刀架　C. 支承角铁　D. 鸡心夹头
5. 下列角度在基面中测量的是(　　)。
A. 前角　B. 后角　C. 主偏角　D. 刃倾角
6. 金属切削过程中，对刀具耐用度影响最大的因素是(　　)。
A. 切削速度　B. 进给量　C. 温度　D. 切削深度
7. 车螺纹产生乱扣的原因是(　　)。
A. 前后两次走刀的轨迹不重合　B. 丝杆转数与工件转数成正比
C. 刀具安装不正确　D. 刀具发生磨损
8. 在金属切削过程中，形成积屑瘤的条件主要取决于(　　)。
A. 切削速度　B. 切削温度　C. 材料硬度　D. 刀具角度
9. 用小刀架转位法车削锥角为 60°的圆锥面时，小刀架应转动(　　)。
A. 30°　B. 60°　C. 120°
10. 机床型号 ZC5150 中，字母“C”表示(　　)。
A. 车床　B. 加重型　C. 经过 3 次改进
11. 粗加工时，车刀角度选择正确的是(　　)。
A. 前角大值　B. 后角大值　C. 前后角都大　D. 前后角都小
12. 一般粗车加工选(　　)。
A. YG8　B. YG3　C. YT30　D. 以上都可以
13. 对于轴类零件中心部位的孔，通常在(　　)上加工较为方便。
A. 车床　B. 钻床　C. 铣床　D. 卧式镗床
14. 车刀的前角是前面与基面之间的夹角，是在(　　)。
A. 基面中测量的　B. 前后角都大的情况下测量的
C. 副切削平面测量的　D. 正交平面内测量的
15. 积屑瘤的产生是在(　　)。
A. 高速切削塑性金属时　B. 中等速度切削塑性金属时
C. 低速切削塑性金属时

## 三、判断题

1. 车床是做直线进给运动的车刀对做旋转主运动的工件进行切削加工的机床。(　　)
2. CA6140 型机床是最大工件回转直径为 140 mm 的普通车床。(　　)
3. CA5112E 操作机床的代号中 A 为通用特性代号，代表万能的意思。(　　)
4. 圆弧刀在加工过程中还会出现烧刀、崩刃等现象，而焊接式车刀(90°)却可以避免这种现象的发生。(　　)
5. 高耐磨性是衡量刀具材料切削性能的主要指标，刀具材料一定要有较高的耐磨性。(　　)
6. 进给量表示切削刃切入工件的深度，习惯称其切削深度。(　　)
7. 断屑槽宽度 $L_{Bn}$ 对断屑影响很大，槽宽 $L_{Bn}$ 减小，切屑容易折断。(　　)
8. 刀倾角影响切屑流方向，负 $\lambda_s$ 角度使切屑偏向待加工表面。(　　)
9. 后角的作用是刀具后刀面与工件之间的摩擦。但后角过大会降低切削刃强度，并使散

热条件变差,从而降低刀具寿命。 (　　)

10. 增大前角能减小切削变形,减小切削力和切削功率。 (　　)

11. 硬度高的刀具材料其强度和韧性则较好,适用于粗车,硬度低的刀具材料其强度和韧性则较差,适用于精车。 (　　)

12. 切削碳素钢、合金钢、工具钢时选用圆弧形断屑槽,切削纯铜、不锈钢等高塑性材料时,可选用直线圆弧形、直线形断屑槽。 (　　)

13. 进给量大则表面粗糙度越大,反之进给量越小则表面粗糙度越小。 (　　)

14. 切削过程中产生的切削热大部分由工件带走。 (　　)

15. 中心架应安装在车床床身导轨上。 (　　)

16. 主偏角增大时,轴向力增大、径向力减小、易断屑。 (　　)

**四、多选题**

1. 在切削运动中,具有往复运动特点的机床有(　　)。

A. 车床　　B. 插床　　C. 磨床　　D. 刨床

2. 在正交平面上测量的车刀几何角度有(　　)。

A. 前角　　B. 后角　　C. 刃倾角　　D. 楔角

E. 切削角

3. 在基面上测量的车刀几何角度有(　　)。

A. 刀尖角　　B. 主偏角　　C. 副偏角　　D. 副后角

4. 影响刀具耐用度的因素有(　　)。

A. 刀具材料　　B. 切削用量　　C. 零件形状　　D. 刀具几何角度

E. 工件材料

5. 车刀角度中,属于独立角度的有(　　)。

A. 前角　　B. 后角　　C. 刃倾角　　D. 刀尖角

E. 副后角

6. 刀具的磨损形式有(　　)。

A. 前刀面磨损　　B. 后刀面磨损　　C. 前、后刀面同时磨损　　D. 副刀面磨损

7. 切削瘤的形成与(　　)有关。

A. 低速切削　　B. 中速切削　　C. 脆性材料　　D. 塑性材料

# 练习题八　车、镗削

## 一、填空题

1. 工件的加工过程中形成的表面有________、________、________。

2. 选择切削用量，通常是先确定________，然后确定________，最后确定________。

3. 车床附件中心架应装在________。

4. 保证已确定的工件位置在加工过程中不发生变更的装置，称为________装置。

5. 车削细长轴的3项关键技术是________的使用，合理选择________以及解决________。

6. 套类零件在安排孔和外圆加工顺序时，应尽量采用先加工________然后________以定位加工________的加工顺序。

7. 精加工时，刀具的前角应取________值，刃倾角应取________值。

8. 粗加工时，应尽可能选择较大的________，使加工余量在一次或少数几次进给中切除。

9. 在切削用量中，对刀具寿命影响最大的是________。

10. 在普通外圆车床上一次性走刀将直径50 mm的毛坯外圆车至45 mm，已知切削速度为15.7 m/min，若进给量为0.3 mm/r，工件被车削长度为60 mm，则进给速度为________ mm/min，车完该工件需要________ min。

11. 切削运动分为主运动和进给运动，车削时车刀的移动是________运动。

12. 切削时，若形成的是挤裂切屑，当把刀具前角增大、切削厚度减小时，可得到________切屑。

13. 用主轴转速为200 r/min，进给量为0.25 mm/r的切削用量一次性车削长度为100 mm的外圆工件，需要的切削时间是________ min。

14. 使用中心架和跟刀架的目的是增加工件的________。

15. 合理选择________和________是金属切削加工过程中遇到的两个基本问题。

16. 镗床镗孔时，其主运动是________。

17. 切削时，增大________角使进给力加大，有利于消除震动。

18. 刀具前角是在________面中测量，是前面与基面之间的夹角。

19. 车刀刃倾角是________与基面的夹角，测量刃倾角的基准坐标平面是________。

## 二、单选题

1. 通过切削刃选定点的基面是(　　)。

   A. 垂直于假定主运动方向的平面

   B. 与切削速度相平行的平面

   C. 与过渡表面相切的表面

2. 下列加工方法中，主运动为刀具旋转运动的是(　　)。

   A. 车外圆　　B. 钻孔　　C. 刨平面　　D. 拉孔

3. 粗车时首先选择大的(　　)。

   A. 进给量　　B. 背吃刀量　　C. 切削速度

4. 润滑效果最好的切削液是(　　)。

   A. 乳化液　　B. 油基切削液　　C. 合成切削液　　D. 硫化切削液

5. 金属切削过程中,对切削力的影响最大的因素是(　　)。

A. 切削深度　　B. 切削速度　　C. 切削温度　　D. 进给量

6. 对于箱体、机架等结构复杂的大型零件上的孔加工应采用(　　)。

A. 车孔　　B. 铰孔　　C. 镗孔　　D. 铣孔

7. 在主切削平面中进行测量的角度是(　　)。

A. 主偏角　　B. 后角　　C. 刃倾角　　D. 前角

8. 切削进刀具上与工件过渡表面相对的表面是(　　)。

A. 前面　　B. 主后面　　C. 副后面　　D. 切削平面

9. 下列选项中,(　　)不属于外圆车刀的切削部分。

A. 刀面　　B. 刀尖　　C. 刀柄　　D. 切削刃

10. 高精度机床上,在高切削速度、小进给量及小背吃刀量的条件下,使用细颗粒硬质合金车刀进行的车削加工称为(　　)。

A. 粗车　　B. 半精车　　C. 精车　　D. 精细车

11. 机床夹具必不可少的组成部分有(　　)。

A. 定位元件及定位装置　　B. 装料装置

C. 卸料装置　　D. 辅助装置

12. 普通车床的主参数是(　　)。

A. 车床最大轮廓尺寸　　B. 主轴与尾座之间最大距离

C. 中心高　　D. 床身上工件最大回转直径

13. 型号 CG6140 表示的是(　　)车床。

A. 普通　　B. 精密　　C. 高精度

14. 在切削加工时消耗功率最大,并形成切削速度的运动是(　　)。

A. 切削运动　　B. 主运动　　C. 进给运动

15. 有“万能车床”之称的是(　　)。

A. 六角车床　　B. 立式车床　　C. 自动车床　　D. 普通车床

**三、判断题**

1. 根据切削材料和切削条件不同,常见的切屑种类有带状切屑、节状切屑、崩碎切屑。(　　)

2. 钨钴类硬质合金(YG)因其韧性、磨削性能和导热性好,主要用于加工脆性材料,有色金属及非金属。(　　)

3. 当车刀刀尖位于主切削刃最低点时,切屑排向待加工表面。(　　)

4. 用偏刀车端面时,采用从中心向外缘进给同时减少背吃刀量,就不会产生凹面。(　　)

5. 用尾座支承工件做重切削时(切削深度大),车床尾座套筒应尽可能伸出短一些。(　　)

6. 车螺纹时,为了获得准确的螺距,必须用丝杠带动车刀进给,使工件每转一周车刀移动的距离等于螺纹的螺距。(　　)

7. 高速钢是当前最典型的高速切削刀具材料。(　　)

8. 车刀的前角越大越锋利,切削越省力,所以刀具刃磨时应尽量将前角磨大。(　　)

9. 车床上的挂轮架和进给箱的速比一定时，如主轴转速变快，此时进给量加快。 (　　)

10. 拉削加工时，机床无须进给运动。 (　　)

11. 车床切断工件时，工作后角变小。 (　　)

12. 车床丝杠螺距能整除工件螺距，车削螺纹不会产生“乱牙”现象。 (　　)

13. 车床上用三爪自定心卡盘多次装夹同一工件时，三爪定心卡盘对中精度将直接影响件上的被加工表面的位置精度。 (　　)

14. 在车床上主要加工零件的旋转表面，还可以进行钻孔、铰孔和滚花等。 (　　)

15. 在普通车床上钻孔时，主运动由钻头的旋转来完成。 (　　)

16. 在机床夹具定位中，过定位是绝对不允许出现的。 (　　)

**四、多选题**

1. 表示车刀两个切削刃空间位置的角度是(　　)。

A. 前角　　B. 主偏角　　C. 副后角　　D. 刃倾角

2. 切削加工齿轮的方法有(　　)。

A. 铣齿　　B. 滚齿　　C. 插齿　　D. 座齿

3. 内孔的加工方法主要有(　　)。

A. 车孔　　B. 镗孔　　C. 座孔　　D. 拉孔

4. 外圆加工的技术要求主要是(　　)。

A. 形状精度　　B. 尺寸精度　　C. 位置精度　　D. 表面质量

5. 切削运动包括(　　)。

A. 主运动　　B. 进给运动　　C. 旋转运动　　D. 直线运动

6. 切削用量三要素是(　　)。

A. 进给量　　B. 背吃刀量　　C. 切削速度　　D. 切削长度

7. 切削层尺寸平面要素包括(　　)。

A. 切削层公称横截面积

B. 切削层公称宽度

C. 切削层公称厚度

# 练习题九 车、镗削

## 一、填空题

1. 切削速度是切削加工时刀具切削刃上的某一点相对于待加工表面在________方向上的________速度。

2. 花盘主要用来装夹形状________的工件，在装夹中较麻烦，需要________和________。

3. 机床型号 CM6132A 中的“M”表示________，床身导轨上最大工件的回转直径为________ mm。

4. 在车床上铰削中 25+0.0210 的孔时，铰刀的尺寸应为________铰孔结束退刀时，工件应________转。

5. 与工件上已加工表面相对应的刀面是________。

6. 刀具的主后面与切削平面的夹角称为________，若该角度变大，刀刃强度________。

7. ________是刀具在进给运动方向上相对工件的位移量。

8. 在普通车床上粗车灰铸铁外圆。若待加工表面直径为 $\phi100$，已加工表面直径为 $\phi92$，若选择切削速度 $v = 22$ m/min，车刀的移动速度 $v_f = 35$ mm/min，那么车床主轴的转速为________ r/min，进给量为________ mm/r；背吃刀量为________ mm。

9. 切削加工时，刀具刀刃上的某一点相对________表面在________方向上的瞬时速度，称为切削速度。

10. 主切削刃和副切削刃在基面上的投影的夹角称为________。

11. 为提高刀具寿命，使切削温度降低，刀具材料应具有良好的________性。

12. 形状复杂、精度较高的刀具应选用的材料是________。

13. 在切削用量中对切削温度影响最大的是________。

14. 切削三要素是指________、________和________。

15. 刀具磨损的过程分为________阶段、________阶段、________阶段。

16. 对切削温度影响最大的是________、________和________。

17. 生产中常用切削液，水溶性切削液以________为主，油溶性切削液以________为主。

18. 常用的刀具材料有________和________两类。

19. 滚花是车削加工中经常采用的加工手段，其具有表面修饰及增加表面________作用。

## 二、单选题

1. 切削用量中，对切削力影响最大的是(　　)。

A. 背吃刀量　　B. 切削速度　　C. 进给量　　D. 主轴转速

2. 在基面内测量的车刀角度有(　　)。

A. 前角　　B. 后角　　C. 主偏角和副偏角　　D. 刃倾角

3. 切削脆性材料时，车刀角度选择正确的是(　　)。

A. 前角大值　　B. 前角小值　　C. 后角大值　　D. 主偏角大些

4. 精加工时，车刀角度选择正确的是(　　)。

A. 负值刃倾角　　B. 正值刃倾角　　C. 正负皆可　　D. 以上都不正确

5. 钨钴类车刀主要用于加工(　　)。

A. 铸铁　　B. 钢　　C. 塑性材料　　D. 以上都不正确

6. 控制切屑排屑方向的角度是(　　)。

A. 主偏角　　B. 前角　　C. 刃倾角　　D. 后角

7. 在金属切削过程中,对切削力影响最大的因素是(　　)。

A. 切削深度　　B. 切削速度　　C. 切削温度　　D. 进给量

8. 切削时,与工件过渡表面相对的表面是(　　)。

A. 前面　　B. 主后面　　C. 副后面　　D. 切削平面

9. 在主切削平面中进行测量的角度是(　　)。

A. 主偏角　　B. 后角　　C. 刃倾角　　D. 前角

10. 主切削力 $F_Z$ 的作用是(　　)。

A. 能使车刀在水平平面内转动

B. 用于计算工件在水平面内的弯曲量

C. 用于计算车床进给功率及进给机构强度

D. 用于计算切削所需功率及刀杆产生的弯曲量

11. 刀具的选择主要取决于工件的结构、材料、加工方法和(　　)。

A. 设备　　B. 加工余量

C. 加工精度　　D. 被加工工件表面的粗糙度

12. 切断刀主切削刃太宽,切削时容易产生(　　)。

A 弯曲　　B. 扭转　　C. 刀痕　　D. 振动

13. 车削时为降低表面粗糙度,可采用(　　)的方法进行改善。

A. 增大主偏角　　B. 增大进给量

C. 增大副偏角　　D. 增大刀尖圆弧半径

14. 切削平面、基面和主截面三者间的关系总是(　　)的。

A. 相互垂直　　B. 相互平行　　C. 相互倾斜　　D. 以上都不是

15. 精加工时应取较大的前角,车脆性材料时应取(　　)的前角。

A. 较大　　B. 较小　　C. 零度　　D. 负值

**三、判断题**

1. 金属的冷加工是在低常温下进行的加工。(　　)

2. 金属的切削过程有且只有一个主运动。(　　)

3. 提高表面质量的主要措施是增大刀具的前角与后角。(　　)

4. 切削深度、进给量、切削速度对切削力的影响规律是 $f>a_p>v$。(　　)

5. 车削加工中,切削深度($a_p$)越小,表面粗糙度值越小。(　　)

6. 切削加工中使用切削液的目的是降低切削温度、润滑、冲洗切屑。(　　)

7. 切削过程中所消耗的功绝大部分转变为热,称为切削热。切削热通过切屑、工件、刀具以及机床传散。(　　)

8. 在切削过程中,刀具两次刃磨之间实际切削的时间称为刀具耐用度。(　　)

9. 一般在切削脆性金属材料和切削厚度较小的塑性金属材料时,所发生的磨损往往在刀具的主后刀面上。(　　)

10. 为提高生产效率，保证刀具耐用度，粗加工应选择中等或低的切削速度。 ( )
11. 刀具主切削刃上磨出分屑槽的目的是改善切削条件、提高刀具寿命，可以增加切削用量。 ( )
12. 硬质合金车刀在切削过程中，可以随时加注冷却液。 ( )
13. 车削时，主运动是工件的回转运动。 ( )
14. YG8 材质的硬质合金车刀因含钴量多适用于脆性材料的粗加工。 ( )
15. 车削灰铸铁时因粉尘较多故不能使用切削液。 ( )
16. 精加工时，用高速钢刀具，常选用较低的切削速度。 ( )

## 四、多选题

1. 最常用的外圆车刀切削部分三面两刃一尖中，两刃是指( )。
   A. 主切削刃 B. 副切削刃 C. 切削刃
2. 影响切削刀具耐用度的因素有( )。
   A. 切削速度 B. 切削刀具材料 C. 刀具角度 D. 冷却润滑
3. 车削一般分为( )。
   A. 粗车 B. 半精车 C. 精车 D. 精细车
4. 常用车圆锥的方法有( )。
   A. 小滑板转位法 B. 偏移尾架法 C. 靠模法 D. 宽刀法
5. 下列车外圆锥面的方法中，能加工较长圆锥而且锥角不大的是( )。
   A. 小滑板转位法 B. 偏移尾架法 C. 靠模法 D. 宽刀法
6. 切削刀具的磨损形式主要有( )。
   A. 后刀面磨损 B. 前刀面磨损 C. 前后刀面同时磨损
7. 进给运动形式有( )。
   A. 直线的 B. 旋转的 C. 连续的 D. 间歇的

# 练习题十　车、镗削

## 一、填空题

1. 金属切削运动分为________和________。
2. 切削液的主要作用是________、________、________、________。
3. 合理选择________和切削要素是金属切削加工中经常遇到的两个基本问题。
4. 切削加工过程可以认为是________形成过程与已加工表面的形成过程。
5. 冷加工通常是指金属________或________。
6. 对于切削刀具来说，________与________是两个最重要的因素。
7. 在车床上安装工件时，能自动定心并夹紧工件的夹具是________。
8. 主要控制切屑排屑方向的角度是________。
9. 车床上车削圆锥面的方法有________、________仿形（靠模）法 3 种。
10. 车阶梯轴时常选用的刀具是________。
11. 刀具材料的硬度越高，耐磨性________。
12. 卧式车床上车内孔表面时的主运动是________，牛头刨床上刨平面时的主运动是________，外圆磨床上磨外圆时主运动为________。
13. 粗加工一般选择________切削速度或________切削速度。
14. CA6140 型卧式车床有两条传动路线：一路是________，另一路是________。
15. 切削时，取较________刀具前角可减小切削力。
16. 切削厚度与切削宽度随刀具________的变化而变化。
17. 金属切削加工中常遇到的两个基本问题是合理选择________和________。
18. 切削时刀具与工件之间的相对运动是________。
19. 刀具磨损的原因是________和________。

## 二、单选题

1. 单位面积上所受的剪力称为（　　）。

A. 正应力　　B. 切应力　　C. 挤压应力　　D. 剪切

2. 在切削用量中考核刀具移动量的是（　　）。

A 切削速度　　B. 背吃刀量　　C. 进给量

3. 切削所需要的基本运动是（　　）。

A. 主运动　　B. 进给运动　　C. 综合运动

4. 选择切削用量时，通常的选择次序是（　　）。

A. 切削速度 $v_c$—切削深度 $a_p$—进给量 $f$　　B. 切削深度 $a_p$—进给量 $f$—切削速度 $v_c$

C. 进给量 $f$—切削速度 $v_c$—切削深度 $a_p$　　D. 切削速度 $v_c$—进给量 $f$—切削深度 $a_p$

5. 在基面内测量的车刀角度有（　　）。

A. 前角　　B. 后角　　C. 主偏角和副偏角　　D. 刃倾角

6. 切削脆性材料时，车刀角度选择正确的是（　　）。

A. 前角大值　　B. 前角小值　　C. 后角大值　　D. 主偏角大值

7. 一般粗加工选(　　)。
A. YGB　B. YG3　C. YT30　D. 以上都可以
8. 车外圆时,(　　)是主运动。
A. 工件的旋转运动　B. 横向进给　C. 纵向进给
9. 适合对不锈钢进行精加工的刀具材料是(　　)。
A. YT30　B. YT5　C. YG3　D. YW1
10. 机床型号 ZC5150 中,字母"C"表示(　　)。
A. 车床　B. 加重型　C. 经过 3 次改进
11. 当工件上所用表面都需要加工时,应选择(　　)。
A. 余量最小　B. 余量最大　C. 中间余量
12. 确定夹紧力方向时,应该尽可能使夹紧方向垂直于(　　)基准面。
A. 主要定位　B. 辅助定位　C. 止推定位　D. 任意定位
13. 在加工条件相同时,用(　　)刀具产生的切削力最小。
A. 陶瓷刀具　B. 硬质合金刀具
C. 高速钢　D. 以上 3 种
14. 下列关于切削力的说法,正确的是(　　)。
A. 总切削抗力与总切削力是一对作用力与反作用力
B. 背向力约占总切削力的 95%
C. 工作材料的强度、硬度越高,总切削抗力越小
D. 前角增大,排屑顺畅,总切削抗大增大
15. 关于金刚镗床,下列的说法不正确的是(　　)。
A. 金刚镗床是一种高速镗床
B. 金刚镗床的关键部件是工作台
C. 在金刚镗床上镗削加工的工件,可获得很细的表面粗糙度
D. 在金刚镗床上镗削加工的工件,可获得很高的加工精度

**三、判断题**

1. 对于不允许有刀痕的细长轴,车削时应采用中心架而不能采用跟刀架。(　　)
2. 积屑瘤的产生在精加工时要设法避免,但对粗加工有一定的好处。(　　)
3. 为车削空心轴的外围表面,只能用卡盘夹持而不能用顶尖支承。(　　)
4. 切削加工时,主运动通常是速度较低、消耗功率较小的运动。(　　)
5. 在车床上车螺纹时,任何情况下都不能脱开对开螺母。(　　)
6. 提高表面质量的主要措施是增大刀具的前角与后角。(　　)
7. 碳素工具钢主要用于制作各种车刀、铣刀和刨刀。(　　)
8. 切削运动的主运动只能是旋转运动。(　　)
9. 刀具前角大小直接影响刀刃的锋利程度和切削是否轻快。(　　)
10. 切削过程中产生的切削热大部分由工件带走。(　　)
11. 用几把刀具同时加工零件的几个表面,称为复合工步。在工艺文件上复合工步应当作一个工步。(　　)
12. 车削加工时,切削用量 3 个基本参数是切削速度、进给量和背吃刀量。(　　)

13. 普通外圆车刀的正确安装:应使刀尖与工件的中心线等高,且刀杆应与工件轴心线垂直。 ( )

14. 高速钢车刀的前角一般小于硬质合金车刀的前角。 ( )

15. 切断时的背吃刀量应等于工件直径的一半。 ( )

16. 利用 90°车刀车台阶高度大于 5 mm,其主偏角应安装成 90°。 ( )

**四、多选题**

1. 车削加工时形成的 3 种表面是( )。

   A. 待加工表面　B. 已加工表面　C. 未加工表面　D. 过渡表面

2. 车削加工时,切削用量的 3 个基本参数是( )。

   A. 切削速度　B. 进给量　C. 主切削力　D. 背吃刀量

3. 常用的切断方法有( )两种。

   A. 直进法　B. 左右借刀法　C. 靠模法

4. 车削长度为 150 mm,锥度为 10°的外圆锥面可采用的方法有( )。

   A. 小滑板转位法　B. 偏移尾架法　C. 靠模法　D. 宽刀法

5. 在主截面内测量的独立刀具角度有( )。

   A. 主后角发平面　B. 主偏角　C. 前角　D. 楔角

6. 切削刀具的正常磨损形式主要有( )。

   A. 后刀面磨损　B. 前刀面磨损　C. 前后刀面同时磨损　D. 急剧磨损

7. 主偏角为 90°的车刀在不旋转刀架的前提下,可以加工的表面有( )。

   A. 外圆　B. 端面　C. 倒角　D. 螺纹

# 练习题十一 钻削

## 一、填空题

1. 常用的钻床有________钻床、________钻床、________钻床。

2. 麻花钻一般由________、________、________3 部分组成。

3. 对于麻花钻，越接近钻头外缘，其前角越________，越接近钻头中心，其前角越________；由于麻花钻横刃具有很大的________，钻削时横刃处会发生严重的挤压而造成很大的轴向力。

4. 用麻花钻扩孔时，应修磨麻花钻________处的前刀面，以________前角，防止扎刀。

5. 加工小孔的典型工艺是________、________、________的联合使用。

6. 台式钻床常加工________ mm 以下的孔，立式钻床适用于在________ mm 以下的中型工件上的孔加工。

7. 在钻、扩、铰 3 种孔加工方法中，________方法加工孔的精度最高。

8. 在实体材料上加工孔，多由________开始；对毛坯铸出或锻出的孔系由________或粗镗孔方式开始。

9. 麻花钻的两条主切削刃对称分布，所受的________相互平衡，不易弯曲。车削适合加工各种________表面。

10. 标准麻花钻头应用广泛，由柄部________和________组成。

11. 钻孔时，为保证钻孔的轴线应与被加工表面________。

12. 标注麻花钻切削部分由________组成。

## 二、单选题

1. 为防止 Z3040 型摇臂钻床主轴因自重而下落，使主轴升降轻便，该钻床上采用了(　　)平衡机构。

A. 重锤式　　B. 圆柱弹簧式

C. 圆柱弹簧—凸轮式　　D. 平面螺旋弹簧式

2. 按照工作精度来划分，钻床属于(　　)。

A. 高精度机床　　B. 精密机床　　C. 普通机床　　D. 组合机床

3. 钻削时的切削热大部分由(　　)传散出去。

A. 刀具　　B. 工件　　C. 切屑　　D. 空气

4. 下列说法正确的是(　　)。

A. 标准麻花钻头的导向部分外径一致，即外径从切削部分到尾部直径始终相同

B. 标准麻花钻头的导向部分外径有倒锥量，即外径从切削部分到尾部逐渐减小

C. 标准麻花钻头的导向部分外径有倒锥量，即外径从切削部分到尾部逐渐加大

D. 标准麻花钻头的导向部分外径一致，在尾部的夹持部分有莫氏锥度

5. Z3040 型摇臂钻床主轴头部有两个并列的横向扁尾孔，上面一个扁尾孔用于传递扭矩，同时可放入楔铁，用以卸下钻头等刀具，下面一个扁尾孔的作用是(　　)。

A. 在倒刮端面时卸下刀具　　B. 在倒刮端面时固定刀具

C. 在钻孔时卸下刀具　　D. 在钻孔时固定刀具

6. 直径为 $\phi8$ 的麻花钻，要装夹在主轴的锥孔中，采用的安装方式为(　　)。
A. 直接装夹　B. 用钻头套装夹　C. 用钻夹头装夹
7. 现有一大批多方向孔工件待加工，应选用(　　)加工工件。
A. 台式钻床　B. 立式钻床　C. 摇臂钻床　D. 都可以
8. 扩孔钻扩孔时的背吃刀量(切削深度)等于(　　)。
A. 扩孔钻的直径　B. 扩孔钻直径的 1/2
C. 扩孔钻直径与扩孔直径之差　D. 扩孔钻直径与扩孔前孔差的 1/2
9. 标准麻花钻的顶角一般在(　　)左右。
A. 100°　B. 140°　C. 118°　D. 120°
10. 钻削加工时，下面属于钻削加工基本工艺时间的是(　　)。
A. 钻削加工中　B. 调整切削用量　C. 换刀、磨刀
11. 能判断麻花钻钻心处的后角是否刃磨正确的角是(　　)。
A. 前角　B. 后角　C. 顶角　D. 横刃斜角
12. 钻削大型或重型工件和多孔工件上的孔应使用(　　)。
A. 台式钻床　B. 立式钻床　C. 摇臂钻床
13. 在不使用切削液的条件下钻孔时，切削热传出的主要途径是(　　)。
A. 切屑　B. 工件　C. 钻头　D. 介质
14. (　　)钻床能方便地调整钻孔位置。
A. 台式　B. 立式　C. 摇臂

**三、判断题**

1. 盲孔铰刀端部沉头孔的作用是容纳切屑。(　　)
2. 钻孔将穿时进给量应减小，以免工件和钻头损坏。(　　)
3. 立式钻床主要适用于钻削孔径在 50 mm 以下的中型工件上的孔。(　　)
4. Z3040×16 中，Z 代表钻床，3 代表摇臂钻床组，0 代表摇臂钻床系，40 代表主参数是最大钻孔直径 400 mm，16 代表第二主参数是最大跨度 1 600 mm。(　　)
5. 通孔快钻穿时，为提高生产率，进给量应保持不变。(　　)
6. 钻夹头用来装夹锥形钻头。(　　)
7. 摇臂钻床的摇臂能绕立柱回转 180°还可以自动升降和关紧定位。(　　)
8. 标准麻花钻的后角外缘处最小，越到中心越大。(　　)
9. 麻花钻钻孔时，背吃刀量为麻花钻钻头的直径。(　　)
10. 台式钻床适合于钻削孔径在 50 mm 以下的中小型工件上的孔。(　　)
11. 钻削加工时，钻头旋转是主运动，钻头的轴向移动是进给运动。(　　)
12. 由于铰刀修光校正部分较长，故铰削时的进给量可取得大一些。(　　)
13. 钻套(过度套筒)用于夹持 13 mm 以下的直柄钻头。(　　)
14. 车床的主轴转速就是车削时的切削速度。(　　)
15. 铰孔是指用铰刀铰削工件的孔壁以提高工件尺寸精度和表面质量的方法。(　　)
16. 钻套是用来夹持锥柄钻头的。(　　)

## 四、多选题

1. 下列钻头能用钻夹头装夹的是(　　)。

A. 12 mm 钻头　　B. 8 mm 钻头　　C. 10 mm 钻头　　D. 20 mm 钻头

2. 内孔的加工方法主要有(　　)。

A. 车孔　　B. 镗孔　　C. 磨孔　　D. 拉孔

3. 扩孔加工精度比钻孔精度高的原因是(　　)。

A. 切削速度高　　B. 刀具刚性好　　C. 刀齿多　　D. 背吃刀量小

4. 钻床在机械加工行业中是不可或缺的重要设备,常见的钻床有(　　)。

A. 台式钻床　　B. 摇臂钻床　　C. 万向钻床　　D. 立式钻床

# 练习题十二　铣削

## 一、填空题

1. 圆周铣削分为________铣和________铣。

2. 在铣削过程中，铣刀与工件已加工面的切点处，旋转铣刀切削刃的运动方向与工件进给方向相同的铣削称为________。

3. 铣削时，所选用的切削用量中最后确定的是________。

4. 顺时针铣时容易产生工作台________和________现象。

5. 铣削是________旋转做主运动、________或________做进给运动的切削加工方法。

6. 在铣床上铣削不易夹紧和薄而长的工件时应选用________铣。

7. 铣削正九边形工件，每铣完一面，分度手柄应转过________周后，再沿孔数为 54 的孔圈转过________个孔距即可。

8. 加工机床导轨面时，采用铣削比刨削生产率________。

9. 铣削加工时铣刀的________为主运动，________的移动是进给运动。

10. 铣削平面的方法主要有________和________。

## 二、单选题

1. 用铣刀圆周上的切削刃进行铣削的方法称为(　　)。

A. 端铣　　B. 周铣　　C. 顺铣　　D. 逆铣

2. 材料是钢，欲加工一个尺寸为 6 mm×8 mm，深度为 3 mm 的键槽，键槽侧面表面粗糙度为 $Ra1.6$，最好采用(　　)。

A. $\phi6$ 键槽铣刀一次加工完成

B. $\phi6$ 键槽铣刀分粗精加工两遍完成

C. $\phi5$ 键槽铣刀沿中线直一刀，然后精加工两侧面

D. $\phi5$ 键槽铣刀顺铣一圈一次完成

3. 铣削外轮廓，为避免切入/切出产生刀痕，最好采用(　　)。

A. 法向切入/切出　　B. 切向切入/切出　　C. 斜向切入/切出　　D. 直线切入/切出

4. 在立式铣床上利用回转工作台铣削工件的圆弧面时，当找正圆弧面中心与回转工作台中心重合时，应转动(　　)。

A. 工作台　　B. 主轴　　C. 回转工作台　　D. 纵向手轮

5. 周铣时用(　　)方式进行铣削，铣刀的耐用度较高，获得加工面的表面粗糙度值较小。

A. 对称铣　　B. 逆铣　　C. 顺铣

6. 铣削加工时，为了减小工件表面粗糙度 Ra 的值，应该采用(　　)。

A. 顺铣　　B. 逆铣

C. 顺铣和逆铣都一样　　D. 依被加工表面材料决定

7. 采用球头刀铣削加工曲面，减小残留高度的办法是(　　)。

A. 减小球头刀半径和加大行距　　B. 减小球头刀半径和减小行距

C. 加大球头刀半径和减小行距　　D. 加大球头刀半径和加大行距

8. 铣削平面零件的外表面轮廓时，常采用沿零件轮廓曲线的延长线切向切入和切出零件表面，以便于(　　)。

A. 提高效率　　B. 减少刀具磨损

C. 提高精度　　D. 保证零件轮廓光滑

9. 铣刀直径选得大些，可(　　)。

A. 提高效率　　B. 降低加工表面粗糙度

C. 容易发生振动　　D. A、B、C 选项都对

10. 为保证铣削台阶，直角沟槽的加工精度，必须校正工作台的"零位"，也就是校正工作台纵向进给方向与主轴线的(　　)。

A. 平行度　　B. 对称度　　C. 平面度　　D. 垂直度

11. 铣削铸铁脆性金属或用硬质合金铣刀铣削时，一般(　　)切削液。

A. 加　　B. 不加

C. 加以润滑为主的　　D. 加以冷却为主的

12. 今欲铣一个 5 齿离合器，每铣完一齿分度头分度手柄应转(　　)。

A. 0.125$r$　　B. 8$r$　　C. 4$r$　　D. 2$r$

13. 圆周铣削方式有顺铣和逆铣，逆铣时切削厚度(　　)。

A. 由厚到薄　　B. 由薄到厚　　C. 由宽到窄　　D. 由窄到宽

14. XW6132 中，32 是指(　　)。

A. 工件的最大回转直径为 320 mm　　B. 工件的最大回转直径为 32 mm

C. 工作台工作面宽度为 320 mm　　D. 工作台工作面宽度为 3 200 mm

15. 铣床铭牌上表示的进给量是(　　)。

A. 每齿进给量　　B. 每转进给量　　C. 每分钟进给量　　D. 每秒钟进给量

16. 在铣床上圆周铣削不易夹紧且薄而长的工件应采用(　　)。

A. 顺铣　　B. 逆铣　　C. 无法确定　　D. 都可以

17. (　　)可以消除铣削产生的工作台窜动和扎刀现象。

A. 顺铣　　B. 逆铣　　C. 周铣　　D. 端铣

18. 下列机床中，只有主运动、没有进给运动的机床是(　　)。

A. 插床　　B. 拉床　　C. 滚齿机　　D. 钻床

19. 加工平面时，通常采用的铣刀为(　　)。

A. T 形槽铣刀或角度铣刀　　B. 锯片铣刀或键槽铣刀

C. 端面铣刀或圆柱铣刀　　D. 圆柱铣刀或成形铣刀

20. 用铣床铣工件时，精加工多用(　　)。

A. 逆铣　　B. 顺铣　　C. 两种无区别　　D. 以上都不对

**三、判断题**

1. 如果铣床主轴轴向窜动超过公差，那么铣削时会产生较大的振动。(　　)

2. 在铣床上加工表面有硬皮的毛坯零件时，应采用逆铣切削。(　　)

3. 用端铣方法铣平面，造成平面度误差的主要原因是铣床主轴的轴线与进给方向不垂直。(　　)

4. 用端铣刀铣平面时，铣刀刀齿参差不齐，对铣出平面的平面度好坏没有影响。(　　)

5. 圆周铣削时的切削厚度是随时变化的，而端铣时切削厚度不变。（　　）

6. 在立式铣床上铣削曲线轮廓时，立铣刀的直径应大于工件上最小凹圆弧的直径。（　　）

7. 在轮廓铣削加工中，若采用刀具半径补偿指令编程，刀补的建立与取消应在轮廓上进行，这样的程序才能保证零件的加工精度。（　　）

8. 用盘状铣刀加工齿轮时，齿数过少易产生根切。（　　）

9. 一般来说，顺铣比逆铣优越，顺铣尤其适用于有硬皮的工件。（　　）

10. 在平面加工方法中，平面磨的加工质量比刨削和铣削都高，还可以加工淬硬零件。（　　）

11. 对于平面的周铣方式，进给方向与切削力的水平分力方向相反时，称为逆铣，反之称为顺铣。（　　）

12. 铣削是加工平面的主要方法之一，在铣床上还可以进行钻孔、铰孔或铣孔。（　　）

13. 铣削用量包含铣削深度、铣削速度、进给量。（　　）

14. 铣削是加工平面的主要方法之一，在铣床上还可以进行钻孔、铰孔或铣孔。（　　）

15. 铣削大平面时，一般选用圆柱铣刀。（　　）

16. 顺铣时，因机床上的丝杆螺母一般存在间隙，故在铣削时容易产生工作台窜动和扎刀现象。（　　）

17. 铣刀与工件已加工面的切点处，旋转铣刀切削刃的运动方向与工件进给方向相反的铣削，称为顺铣。（　　）

18. 从不易产生振动的角度来考虑，逆铣比顺铣好。（　　）

## 四、多选题

1. 铣斜面的方法有（　　）。

A. 工件斜压　　B. 旋转立铣头　　C. V 形块装夹　　D. 用角度铣刀

2. 铣床上使用万能分度头可以完成（　　）的加工。

A. 齿轮的圆周分度　　B. 螺旋槽

C. 多边形工件的圆周分度　　D. 花键轴的圆周分度

3. 铣刀按结构不同可以分为（　　）。

A. 整体式铣刀　　B. 焊接式铣刀　　C. 尖齿铣刀　　D. 细齿铣刀

4. 铣削加工可加（　　）工面。

A. 螺旋表面　　B. 平面　　C. 成形表面　　D. 沟槽

5. 铣削用量包括（　　）。

A. 铣削速度　　B. 进给量　　C. 铣削深度　　D. 铣削宽度

E. 受力变形小原则　　F. 定位基准稳定、便于安装、便于加工原则

6. 铣削平面的方法主要有（　　）。

A. 周铣　　B. 端铣　　C. 逆铣　　D. 顺铣

7. 铣床的功能是（　　）。

A. 铣削平面　　B. 铣削沟槽　　C. 铣削成形面　　D. 铣削圆弧面

# 练习题十三　磨削

## 一、填空题

1. 外圆磨削时主要运动为________，进给运动分别为________、________、________。

2. 磨削是机械零件________加工的主要方法之一，可以加工其他机床不能加工或很难加工的________材料。

3. 磨削平面的方式有两种，第一种是用砂轮的________进行磨削的方法，称为周边磨削，第二种是用砂轮的________进行磨削的方法，称为端面磨削。

4. 用________或________作为工具对工件表面进行切削加工的机床，统称为磨床。

5. 砂轮修整一般用________“车削”砂轮工作面，修整层厚度为________左右。

6. 外圆磨削加工有________和________两种加工方法。

7. 外国柱面的磨削常在普通外圆磨床和万能外圆磨床上进行，削的方法有 3 种：________、________和________。

8. 磨削是用磨具以较高的________对工件表面进行加工的方法，是________零件的主要加工方法之一。

9. 平面磨床上磨削平面方法有________和________。

## 二、单选题

1. 精磨平面时应采用(　　)。
   A. 纵磨法　　B. 横磨法　　C. 端磨法　　D. 周磨法

2. 当磨削锥度较大，锥面较短而工件长度较长的外圆锥时，常采用转动(　　)磨削外圆锥。
   A. 工作台　　B. 头架　　C. 砂轮架

3. 磨削余量较大和刚性较好的外圆柱面应采用(　　)。
   A. 横磨法　　B. 分段综合磨法　　C. 纵磨法

4. MG8440B 中的 M 的意思是磨床，40 表示(　　)。
   A. 磨削最大工件直径
   B. 磨削速度为 400 mm/min
   C. 工件移动速度为 400 mm/min

5. (　　)适合磨削余量较大和刚性较好的工件。
   A. 纵磨法　　B. 横磨法　　C. 分段综合磨削法

6. 磨削锥度较大且长度较长的外圆锥面时，应采用(　　)。
   A. 转动头架法　　B. 转动工作台法　　C. 转动砂轮架法　　D. 偏置上滑板法

7. 在外圆磨削方法中，特别适用于细长轴精磨的是(　　)。
   A. 纵向磨削法　　B. 横向磨削法　　C. 综合磨削法　　D. 深度磨削法

8. 纵向磨削法的主要特点是(　　)。
   A. 加工精度低　　B. 生产效率高　　C. 表面粗糙度值小　　D. 磨削力大

9. 在平面磨削方法中,(　　)磨削法需将砂轮修成阶梯形。

A. 纵向　B. 横向　C. 阶梯　D. 深度

10. 磨削时,使用切削液的主要作用是(　　)。

A. 冷却　B. 润滑　C. 清除、排屑　D. 防尘

11. 磨床运动部件从某一个位置运动到预期的另一个位置所达到的实际位置精度称为(　　)精度。

A. 工作　B. 定位　C. 几何　D. 运动

12. 磨削主轴内孔时,以支承轴颈为定位基准,其目的是使其与(　　)重合。

A. 设计基准　B. 装配基准　C. 测量基准　D. 工序基准

13. 磨削淬火钢时应选(　　)砂轮。

A. 硬度较大的　B. 硬度较小的　C. 强度高的　D. 强度低的

14. 一般滚动摩擦系数比滑动摩擦系数小,所以,万能外圆磨床进给导轨常采用滚动导轨,其主要原因是可以(　　)。

A. 提高机床传动效率　B. 提高送给速度

C. 降低摩擦功率损耗　D. 保证进给精度

15. 砂轮的硬度取决于(　　)。

A. 磨粒的硬度　B. 结合剂的黏接强度　C. 磨粒粒度　D. 磨粒率

16. 磨削薄壁套筒内孔时夹紧力方向最好为(　　)。

A. 径向　B. 倾斜方向　C. 任意方向　D. 轴向

17. 铭牌上标有 M1432A 的机床是(　　)。

A. 刨床　B. 铣床　C. 车床　D. 磨床

**三、判断题**

1. M1432A 型万能外圆磨床只能加工外圆柱面,不能加工内孔。(　　)
2. 磨削加工可以获得较高的精度和较细的表面粗糙度。(　　)
3. 磨削加工切削刃不规则,加工质量高。(　　)
4. M1432A 型万能外圆不能磨削内孔。(　　)
5. 万能外圆磨床只能磨削外圆,不能磨削内圆。(　　)
6. 碳化硅(绿色)砂轮锋利,但砂粒硬度低,主要用来刃磨高速钢车刀和硬质合金焊接面及刀杆部分。(　　)
7. 磨削的工艺特点是可磨削硬度很高的材料,如硬质合金,也可磨削硬度很低的材料,如有色金属。(　　)
8. 一般而言,粗磨及磨削质软、塑性大的材料宜选用细粒度砂轮。(　　)
9. 磨削选择砂轮硬度时,磨削硬度高的材料应选用软砂轮,以保证磨钝的磨粒能及时脱落。(　　)
10. 圆磨削时,砂轮和工件的旋转方向相同。(　　)
11. 研磨内孔可以提高内孔的位置精度和尺寸精度以及表面粗糙度。(　　)
12. 磨削加工可以加工其他机床不能加工或很难加工的高硬度材料。(　　)
13. 外圆磨削时,砂轮和工件的旋转方向相同。(　　)
14. 砂轮具有一定的自锐性,因此磨削时,砂轮并不需要修整。(　　)

## 四、多选题

1. 磨削加工具有(    )的特点。

A. 加工精度高　　B. 加工范围广　　C. 吃刀量大　　D. 切削热大

2. 外圆柱面的磨削方法有(    )。

A. 纵磨法　　B. 横磨法　　C. 分段综合磨削法

3. 磨削外圆时,应有的进给运动是(    )。

A. 砂轮旋转　　B. 工件旋转　　C. 砂轮轴向移动　　D. 工件轴向移动

# 练习题十四　其他机床

## 一、填空题

1. 数控机床是由________、________、________、________、________、机床机械部件组成。

2. 数控机床按运动轨迹分类采用________、________、________的数控机床。

3. 数控机床按工艺用途分类有________和________。

4. 在数控加工程序中，使用各种________指令、________指令来描述工艺过程的各种操作和运动特征。

5. 数控机床一般由________、________、________、可编程控制器、伺服系统、检测反馈装置和机床主机等组成。

6. 加工中心大多数以________为主，要用来加工________和________零件。

7. 在普通数控铣机上，增加________和________装置即成为数控加工中心。

8. 刨床主要用来加工________，而插床主要用来加工________。

9. 在插齿机上加工直齿圆柱直径时，插齿机应具有以下几种运动：________、________、________和________运动。

10. 工件刨削时，工件(或刨刀)的直线往复运动是________，刨刀(或工件)在垂直于主运动方向的间歇移动是________。

11. 刨销外圆时，刀具的前角增大，使被切削层材料所受挤压变形的摩擦________，总切削抗力________；后角增大，总切削抗力________。

12. 刨削的主运动是________运动，在空行程做________运动。

13. 常用的特种加工方法有________、________、________等。

14. 齿轮加工机床的加工方法有________和________两类。

15. 薄板类工件在锯削时应选用________锯条。

## 二、单选题

1. 绝大部分的数控系统都装有电池，其作用是(　　)。

A. 给系统的 CPU 运算提供能量，更换电池时一定要在数控系统断电的情况下进行

B. 在系统断电时，用它储存的能量来保持 RAM 中的数据，更换电池时一定要在数控系统断电的情况下进行

C. 为检测元件提供能量，更换电池时一定要在数控系统断电的情况下进行

D. 在突然断电时，为数控机床提供能量，使机床能暂时运行几分钟，以便退出刀具，更换电池时一定要在数控系统断电的情况下进行

2. 在数控铣刀的(　　)内设有自动拉退装置，能在数秒钟内完成装刀、卸刀，使换刀显得较方便。

A. 主轴套筒　　B. 主轴　　C. 套筒　　D. 刀架

3. 在数控加工中，刀具补偿功能除对刀具半径进行补偿外，在用同一把刀进行粗、精加工时，还可进行加工余量的补偿，设刀具半径为 $r$，精加工时半径方向的余量为 $\Delta$，则最后一次粗.精加工走刀的半径补偿量为(　　)。

A. $r+\Delta$　　B. $r$　　C. $\Delta$　　D. $2r+\Delta$

4. 数控机床切削精度检验,(　　)对机床几何精度和定位精度的一项综合检验。

A. 又称静态精度检验,是在切削加工条件下

B. 又称动态精度检验,是在空载条件下

C. 又称动态精度检验,是在切削加工条件下

D. 又称静态精度检验,是在空载条件下

5. 数控机床一般采用机夹刀具,与普通刀具相比机夹刀具有很多特点,但(　　)不是机夹刀具的特点。

A. 刀具要经常进行重新刃磨

B. 刀片、刀具几何参数和切削参数的规范化、典型化

C. 刀片及刀柄高度的通用化、规则化、系列化

D. 刀片及刀具的耐用度及其经济寿命指标的合理化

6. 数控系统的报警大体可以分为操作报警、程序错误报警、驱动报警及系统错误报警,某个数控车床在启动后显示"没有 Z 轴反馈"属于(　　)。

A. 操作错误报警　　B. 程序错误报警　　C. 驱动错误报警　　D. 系统错误报警

7. 采用固定循环编程可以(　　)。

A. 加快切削速度,提高加工质量　　B. 缩短程序的长度,减少程序所占的内存

C. 减少换刀次数,提高切削速度　　D. 减少吃刀深度,保证加工质量

8. 数控铣床的刀具补偿功能分为(　　)和刀尖圆弧半径补偿。

A. 刀具直径补偿　　B. 刀具长度补偿　　C. 刀具软件补偿　　D. 刀具硬件补偿

9. 数控机床主轴锥孔的锥度通常为 7:24,之所以采用这种锥度是为了(　　)。

A. 靠摩擦力传递扭矩　　B. 自锁

C. 定位和便于装卸刀柄　　D. 以上几种情况都是

10. 闭环控制系统直接检测的是(　　)。

A. 电机轴转动量　　B. 丝杠转动量　　C. 工作台的位移量　　D. 电机转速

11. FANUC 系统中准备功能 G81 表示(　　)循环。

A. 取消固定　　B. 钻孔　　C. 镗孔　　D. 攻螺纹

12. 数控系统的核心是(　　)。

A. 输入输出设备　　B. CNC 装置　　C. 可编程控制器　　D. 伺服系统

13. 在牛头刨床上刨削时,刨刀沿工件的往复直线运动是(　　)。

A. 主运动　　B. 进给运动　　C. 镗刀的旋转运动

14. 牛头刨床的主参数是(　　)。

A. 最大刨削宽度　　B. 最大刨削长度

C. 工作台工作面宽度　　D. 工作台工作面长度

15. 滚珠丝杠副消除轴向间隙的目的主要是(　　)。

A. 减小摩擦力矩　　B. 提高使用寿命　　C. 提高反向传动精度　　D. 增大驱动力矩

16. 在 Y3150E 型滚齿机上滚切直齿圆柱齿轮时,其表面成形的运动是(　　)。

A. 滚刀、工件的旋转以及滚刀沿工件轴线方向的移动

B. 滚刀、工件的旋转以及滚刀沿工件切线方向的移动

C. 滚刀、工件的旋转以及滚刀沿工件径向方向的移动

D. 滚刀和工件的旋转运动

17. 摆移齿轮机构和拉键机构的共同特点是结构紧凑、刚度差、传递扭矩较小，因此常用于(　　)。

A. 主运动传动　　B. 进给运动传动　　C. 分度运动传动　　D. 快速移动传动

18. 拉削可以完成(　　)的加工。

A. 阶台孔　　B. 特大直径孔　　C. 各种直通型孔　　D. 盲孔

19. 下列不是拉刀的拉削方式的是(　　)。

A. 普通拉削方式　　B. 轮切拉削方式　　C. 分块式拉削　　D. 综合拉削方式

20. 下列制造冷冲压件零件的材料是(　　)。

A. 08F　　B. 45#　　C. 65Mn　　D. ZG270-500

21. 刨削加工的主运动是(　　)。

A. 刨刀的旋转运动　　B. 工件的间歇移动　　C. 刨刀的往复直线移动

22. 机床型号的首位字母“Y”表示该机床是(　　)。

A. 水压机　　B. 齿轮加工机床　　C. 压力机　　D. 螺纹加工机床

## 三、判断题

1. 自动机床只能用于大批大量生产，普通机床只能用于单件小批量生产。　(　　)

2. 龙门刨床的主运动是刨刀在往复直线运动。　(　　)

3. 数控车床属于专用机床。　(　　)

4. 子程序的第一个程序段为最后一个程序段必须用 G00 指令进行定位。　(　　)

5. 目前数控装置的脉冲当量(即每输出一个脉冲后滑板的移动量)一般为 0.01 mm，高精度的数控系统可达 0.001。　(　　)

6. 光栅尺是一种能够间接检测直线位移或面位移的伺服系统反馈元件。　(　　)

7. 对于同一 G 代码而言，不同的数控系统所代表的含义不完全一样，但对于同一功能指令(如公制/英制尺寸转换，直线/旋转进给转换等)则与数控系统无关。　(　　)

8. B665 型牛头刨床滑枕的直线往复运动是利用曲柄摇杆机构。　(　　)

9. B2012 是牛头刨床的机床型号。　(　　)

10. 数控机床用于小批量生产形状复杂和频繁改型的零件。　(　　)

11. 转动工作台磨削外圆锥面只适用于锥度较小、长度较大的圆锥体工件。　(　　)

12. 插削可用于单件小批量零件的方孔和花键加工。　(　　)

13. 电火花加工不受工件材料性能和加工形状的限制，能加工所有材料，特别是能在坚硬材料或难熔材料上加工出各种微型孔、深孔、窄缝等。　(　　)

14. 采用数控机床加工的零件应该是中小批量、形状复杂、型号多变。　(　　)

## 四、多选题

1. 切削加工齿轮的方法有(　　)。

A. 铣齿　　B. 滚齿　　C. 插齿　　D. 磨齿

E. 热轧

2. 数控机床按刀具或工件进给运动的轨迹进行分类，主要包括(　　)。

A. 点位控制数控机床　　B. 直线控制数控机床

C. 轮廓控制数控机床　　D. 插补控制数控机床

3. 一把45°弯头车刀在数控车床上能够完成加工的内容是(　　)。

A. 车端面　B. 车台阶　C. 车外圆　D. 倒角

E. 车内孔

4. CNC 单元由信息的组成(　　)。

A. 输入　B. 处理　C. 反馈　D. 输出

5. 下列数控机床属于点位控制机床的是(　　)。

A. 数控钻床　B. 数控铣床　C. 数控车床　D. 加工中心

E. 数控冲床

6. 数控机床按其伺服控制方式不同可分为(　　)。

A. 开环控制　B. 直线控制　C. 点位控制　D. 闭环控制

E. 连续轮廓控制　F. 半闭环

7. 常用点位控制的数控机床有(　　)。

A. 车床　B. 钻床　C. 铣床　D. 冲床

E. 刨床

# 练习题十五　钳工

## 一、填空题

1. 钳工划线有________和________两种。

2. 螺旋测微量具按用途可分为________、________、________，其中________应用最普遍。

3. 千分尺的测量精度一般为________。

4. 游标卡尺的尺身每一格为________ mm，游标共有 50 格，当两量爪并拢时，游标的 50 格正好与尺身的 49 格对齐，则该游标卡尺的读数精度为________ mm。

5. 锯条的切削角度前角为________°，后角为________°。

6. 锉削精度可达________ mm。

7. 测量方法的总误差包括________误差和________误差。

8. 装配的组织形式有________装配和________装配。

9. 装配方法有________法、________法、________法、________法 4 种。

10. 装拆过盈连接的方法有 3 种，即________、________、________。

11. 锉刀分________锉、________锉、________锉 3 类。

12. 锉刀的齿纹有________纹和________纹。

13. 台虎钳按其结构可分为________和________两种。

14. 平锉刀的规格一般用________部分的长度来表示。

15. 工件的表面粗糙度要求最细时，一般采用________加工。

## 二、单选题

1. 用平口虎钳装夹加工精度要求较高的工件时，应用(　　)校正固定钳口与铣床轴心线的垂直或平行。

A. 百分表　　B. 90°角尺　　C. 定位键　　D. 划针

2. 外径千分尺的活动套转动一格，测微螺杆移动(　　)。

A. 1 mm　　B. 0. 1 mm　　C. 0. 01 mm　　D. 0. 001 mm

3. 錾子的前刀面与后刀面之间的夹角称为(　　)。

A. 前角　　B. 后角　　C. 楔角　　D. 副后角

4. 加工零件的特殊表面用(　　)刀。

A. 普通锉　　B. 整形锉　　C. 特种锉　　D. 板锉

5. 锯路有交叉形还有(　　)。

A. 波浪形　　B. 八字形　　C. 鱼鳞形　　D. 螺旋形

6. 锯割软材料或厚材料选用(　　)锯条。

A. 粗齿　　B. 细齿　　C. 硬齿　　D. 软齿

7. 松键装配在键长方向、键与轴槽的间隙是(　　)mm。

A. 1　　B. 0. 5　　C. 0. 2　　D. 0. 1

8. 在带动传中，不生产打滑的皮带是(　　)。

A. 皮带　　B. 三角带　　C. 齿形带　　D. 可调节三角带

9. 带在轮上的包角不能太小,三角带包角不能小于(　　),才保证不打滑。
A. 150°　B. 100°　C. 120°　D. 180°
10. 对于拆卸后还要重复使用的滚动轴承,拆卸时不能损坏轴承的(　　)。
A. 内圈　B. 外圈
C. 滚动体　D. 配合表面和滚动体
11. 通过测量所得的尺寸为(　　)。
A. 基本尺寸　B. 实际尺寸　C. 极限尺寸　D. 标准尺寸
12. 游标卡尺是一种(　　)的量具。
A. 中等精度　B. 精密　C. 较低　D. 较高精度
13. 锯条反装后,其楔角大小(　　)。
A. 不变　B. 变大　C. 变小
14. 锯削管子和薄板料时,应选择(　　)锯路。
A. 细齿　B. 粗齿
15. 细齿锯条适合于(　　)的锯削。
A. 软材料　B. 硬材料
16. 精锉时,必须采用(　　),使锉痕变直,纹理一致。
A. 交叉锉　B. 顺向锉　C. 旋转锉
17. 钳工用的锯条直采用(　　)。
A. 20#　B. T10　C. W18Cr4V　D. Q390A
18. 台虎钳安放在(　　)。
A. 划线平台　B. 钳台　C. 桌子上面　D. 随便放
19. 外径千分尺固定套筒上露出的读数为 15. 5 mm,微分筒对准备基准线数值为 37,则整个读数为(　　)。
A. 15. 87 mm　B. 15. 37 mm　C. 15. 63 mm　D. 15. 13 mm
20. 用高速钢铰刀铰削铸铁时,由于铸铁内部组织不均引起振动,容易出现(　　)现象。
A. 孔径收缩　B. 孔径不变　C. 孔径扩张

**三、判断题**

1. 铰削时切削速度越高,工件表面粗糙度越小。(　　)
2. 錾子后角的大小,是錾削时錾子被掌握的方向所决定的。(　　)
3. 操作手锤时可以戴手套,袖口必须扎紧。(　　)
4. 在台钻上适宜进行锪孔、铰孔和攻螺纹等加工。(　　)
5. 錾子后角的作用是减小后刀面与工件切削面之间的摩擦,引导錾子顺利錾削。(　　)
6. 錾削平面用油槽錾。(　　)
7. 錾子热处理时,应尽量提高其硬度。(　　)
8. 锯割热处理应使用粗齿锯条。(　　)
9. 锯割薄壁管子时可以在一个方向从开始连续锯割到结束。(　　)
10. 板锉、圆锉刀和方锉刀的尺寸规格都是以锉身长度来表示的。(　　)
11. 锉刀可以锉毛坯件的硬皮及经过淬硬的工件。(　　)
12. 錾削钢件或中等硬材料时,楔角应磨成 50°~60°。(　　)

13. 锯割时人体重心应放在右脚上。（ ）
14. 锉削狭长平面时，一般选用普通锉法。（ ）
15. 矩形花键孔可以通过插床进行加工。（ ）
16. 游标卡尺尺身和游标上的刻划间距都是 1 mm。（ ）
17. 水平仪用来测量平面对水平面或垂直位置的误差。（ ）
18. 固定式锯弓可安装几种不同长度规格的锯条。（ ）
19. 弹簧垫圈属于机械方法防松。（ ）
20. 安装新传动带时，最初的张紧力应比正常的张紧力小些。（ ）
21. 钻削精密孔的关键是钻床精度高且转速及进给量合适，而与钻头无关。（ ）

## 四、多选题

1. 平面锉削方法有（ ）。
   A. 交叉锉　B. 顺向锉　C. 立锉　D. 推锉
2. 量块的精度等级有（ ）。
   A. 0 级　B. 1 级　C. 2 级　D. 3 级
   E. 4 级
3. 下列对量具的使用与保养的说法中，正确的是（ ）。
   A. 在机床上测量零件时，要等零件完全停稳后进行
   B. 精密量具不可测量铸件
   C. 画线时不可用游标卡尺进行画线
   D. 车削时，游标卡尺可以放在床头箱等较平坦地方

# 综合练习

## 综合练习题一

### 一、填空题

1. 目前,镁合金中应用最广的是________。

2. 金属材料的性能包括________和________。

3. 热处理工艺过程由________、________和________ 3 部分组成。

4. 淬火钢材随回火温度的升高,其强度与硬度________。

5. 共析钢和过共析钢的淬火加热温度为________以上 30~50 ℃。

6. 工件加热奥氏体化后在空气中冷却的热处理工艺称为________。

7. 铁碳合金相图的横坐标表示含碳量,纵坐标表示________。

8. 45 钢的热处理工艺一般是进行________处理。

9. 制备粉体的方法有________和________。

10. 对单一粉体的烧结,当物质的蒸气压较低时,烧结以________为主,当物质的蒸气压较高时,烧结以________为主。

11. 铸件的形状与尺寸主要取决于________和________,而铸件的化学成分取决于________。

12. 金属铸造造型的关键是________。

### 二、单选题

1. 机用虎钳主要用于装夹(　　)。

A. 矩形工件　　B. 轴类零件　　C. 套类零件　　D. 圆锥体

2. 车外圆时,切削速度计算式中的直径 $D$ 是指(　　)直径。

A. 待加工表面　　B. 加工表面　　C. 已加工表面　　D. 过渡表面

3. 直径为 20 mm 的麻花钻,其柄部通常做成(　　)形。

A. 直柄　　B. 锥柄　　C. 方榫　　D. 螺旋

4. 测定淬火钢件的硬度,一般常选用(　　)来测试。

A. 布氏硬度值　　B. 洛氏硬度值　　C. 维氏硬度值

5. 下列符号表示强度的是(　　)。

A. Rel　　B. Fm　　C. Ro　　D. Rf

6. 下列是强度单位的是(　　)。

A. Map　　B. MP　　C. MPL　　D. MPa

7. 疲劳强度承受的是(　　)。

A. 单一应力　　B. 循环应力　　C. 瞬间应力　　D. 拉应力

8. 下列适用于渗碳处理的钢是(　　)。

A. 20#　　B. 60Si2Mn　　C. 65#　　D. 45#

9. 下列主要用于高碳结构钢的热处理是(　　)。

A. 低温回火　　B. 中温回火

C. 高温回火　　D. 低温加中温回火

10. 下列广泛用于高速重载汽车、拖拉机及柴油机的滑动轴承的是(　　)轴承合金。

A. 铜基　　B. 铝基　　C. 铅基　　D. 锡基

11. 下列牌号中杂质含量最多的是(　　)。

A. TA1　　B. TA11　　C. TA2　　D. TA3

12. 牌号 ZAlSi12 表示铝的含量为(　　)。

A. 12%　　B. 88%　　C. 99.99%　　D. 100%

13. 铸铁中碳以渗碳体形式存在时碳的质量分数为(　　)。

A. 100%　　B. 2.11%　　C. 6.69%　　D. 10%

14. 高速钢的合金元素含量是(　　)。

A. 1%~5%　　B. 5%~10%　　C. 10%~15%　　D. 15%~20%

15. 制作刃具与量具的合金工具钢一般需要经过(　　)后使用。

A. 淬火加低温回火　　B. 淬火加中温回火　　C. 调质处理　　D. 水韧处理

16. 淬火介质的冷却速度必须(　　)临界冷却速度。

A. 大于　　B. 小于　　C. 等于

17. 调质处理的回火加热温度为(　　)。

A. 150~250 ℃　　B. 250~450 ℃　　C. 500~600 ℃

18. 对钢材内部存在严重的网状碳化物组织,可选择(　　)消除网状碳化物组织。

A. 淬火　　B. 正火　　C. 去应力退火　　D. 完全退火

19. 一般(　　)安排在半精加工之后,磨削加工之前。

A. 预备热处理　　B. 时效处理　　C. 调质处理　　D. 最终热处理

20. 工件在(　　)℃以上进行的回火是高温回火。

A. 250　　B. 450　　C. 500　　D. 550

21. 为了减小淬火内应力和降低脆性,表面淬火后一般要(　　)。

A. 正火　　B. 低温回火　　C. 中温回火　　D. 高温回火

**三、判断题**

1. 1923 年,德国的施勒特尔往碳化钨粉末中加入 10%~20%的钴用作黏结剂,发明了碳化物和钴的锌合金,硬度仅次于金刚石,这就是人类历史上第一次制成硬质合金。(　　)

2. 目前市场上常用的低、中碳钢棒料,板材和型材都是正火状态。(　　)

3. 立方氮化硼是一种超硬材料,其硬度略低于人造金刚石,但不能以正常的切削速度切削淬火等硬度较高的材料。(　　)

4. 金属的塑性越好,其可锻性越好。(　　)

5. 淬硬性好,钢淬透性也一定很好。(　　)

6. 钢件淬火后不易切削加工。 (　　)

7. 只有共析钢才能发生共析转变。 (　　)

8. 高频感应加热表面淬火零件选择中碳成分的钢为宜。 (　　)

9. 常把淬火和中温回火相结合的热处理称为调质。 (　　)

10. 小模数齿轮采用高频感应淬火进行表面淬火。 (　　)

11. 电弧热量与焊接电流和电压的乘积成正比,电弧电压主要与电弧长度有关。 (　　)

12. 生产中按照焊接电流的种类不同,可将电焊机分为直流弧焊机和交流弧焊机,它们存在正接和反接之分。 (　　)

13. 形状和位置公差称为形位公差。 (　　)

# 综合练习题二

## 一、填空题

1. 锻造时对配料加热的作用是提高________，降低________，改善________，获得________。

2. CA6140 型卧式车床有两条传动路线：一路是________，另一路是________。

3. 车床上加工细长的轴类工件时，若采用两顶尖装夹工件，需利用________和________。

4. 箱体支架类零件在加工过程中的精基准通常采用________定位。

5. 精基准的选择直接影响着零件各表面的相互位置精度，选择精基准的原则是基准重合原则、________和________，以及尽量选择形状简单、便于安装，尺寸较大的表面作为精基准。

6. 钻床的种类多，常用的有________、________和________等。

7. 刀具两次刃磨之间实际切削的时间称为________。

8. 已知外圆车刀在正交平面中测得的两个独立角度之和为 30°，则该车刀的楔角为________。

9. 使用性能包括________、________、________。

10. 工艺性能包括________性能、________性能、________性能、热处理性能及切削加工性能等。

11. 灰铸铁的力学性能较高，切削加工性能好，生产工艺简单。价格低廉，具有良好的________、________和耐磨性。

12. 金属材料的性能可分为两大类：一类称为________，反映材料在使用过程中表现出来的特性；另一类称为________，反映材料在加工过程中表现出来的特性。

## 二、单选题

1. 机床主轴和齿轮等力学性能要求较高的钢质件，其毛坯一般选用(　　)。

A. 铸件　　B. 锻件　　C. 型材　　D. 焊接件

2. 为防止坯料在镦粗时产生弯曲，坯料原始高度应小于其直径的(　　)。

A. 1 倍　　B. 2 倍　　C. 2.5 倍　　D. 3 倍

3. 板料冲压时(　　)。

A. 需加热　　B. 不需加热　　C. 需预热　　D. 以上都不正确

4. 拉深是使用的(　　)。

A. 胎模　　B. 模板　　C. 冲裁模　　D. 成型模

5. 当工件表面都需要加工时，应选(　　)表面作为粗基准。

A. 余量最小　　B. 余量最大　　C. 不加工　　D. 都不对

6. 砂轮的硬度是指磨粒的(　　)。

A. 粗细程度　　B. 综合力学性能　　C. 脱落的难易程度　　D. 硬度

7. 铰刀的制造公差取孔公差的(　　)，且公差带处于孔公差带的中间位置。

A. 1/2　　B. 1/3　　C. 1/4　　D. 1/5

8. 磨削硬材料要用(　　)砂轮。

A. 硬　　B. 软　　C. 软硬均可

9. 车削的特点是(　　)。

A. 等面积、断续切削　　B. 变面积、断续切削

C. 等面积连续切削　　D. 变面积断续切削

10. 下列不属于多刃刀具的是(　　)。

A. 铣刀　　B. 铰刀　　C. 刨刀　　D. 麻花钻

11. 主轴与工作台面垂直的升降台铣床称为(　　)。

A. 立式铣床　　B. 卧式铣床　　C. 万能工具铣床　　D. 数控铣床

12. 夹紧力的方向应尽量(　　)工件的主要定位基准面。

A. 平行　　B. 倾斜　　C. 垂直　　D. 平行或倾斜

13. 钢在热加工后形成纤维组织,使钢的性能发生变化,即沿纤维的方向具有较高的(　　),沿垂直于纤维的方向具有较高的抗剪强度。

A. 抗拉强度　　B. 抗弯强度　　C. 抗剪强度　　D. 以上答案都对

14. 材料破坏时的应力称为(　　)。

A. 比例极限　　B. 极限应力　　C. 强度极限　　D. 许用应力

15. 因加速度突变至无穷大而引起的冲击是(　　)。

A. 柔性冲击　　B. 韧性冲击　　C. 脆性冲击　　D. 刚性冲击

16. 牌号 09Mn2 的含碳量是(　　)。

A. 0.9%　　B. 0.09%　　C. 2%　　D. 9%

17. 下列属于低合金高强度结构钢的是(　　)。

A. Q345　　B. Q275　　C. 45#　　D. T7

18. 疲劳断裂(　　)。

A. 不会产生塑性变形　　B. 不会产生明显的塑性变形

C. 会产生弹性变形　　D. 会产生明显的塑性变形

19. 下列有明显的屈服现象的是(　　)。

A. 铸铁　　B. 硬质合金　　C. 低碳钢　　D. 高碳钢

20. 下列牌号中属于合金结构钢的是(　　)。

A. 12Cr18Ni9　　B. 20Cr2Ni4A　　C. CrWMn　　D. Q275

21. 切削层公称厚度代表(　　)。

A. 切削刃负荷大小　　B. 切削刃工作长度　　C. 切削效率高低　　D. 刀具磨损

**三、判断题**

1. 气焊在点火时,可先开乙炔瓶后再开氧气瓶,而在熄火时应先关乙炔瓶,后关氧气瓶,即"先开先关,后开后关"。(　　)

2. 锻压加工可以改变金属的内部组织,从而提高金属的力学性能。(　　)

3. 车床运转 500 h 后,需要进行一级保养。(　　)

4. 一般在切削脆性金属材料和切削厚度较小的塑性金属材料时,所发生的磨损往往在刀具的主后刀面上。(　　)

5. 在机床的型号编制中对具有两类特性的机床,编制时主要特性应放在后边,次要特性应放在前边;对一个型号中同时具有两个通用特性时,应按主要程度排序,即重要的放在前面次要的放在后面。(　　)

6. 铰孔结束后，铰刀退出在停车后进行。 ( )

7. 插削可用于单件小批量零件的方孔和花键加工。 ( )

8. 副偏角越小，加工表面上残留面积越大、高度越高，工件表面粗糙度越大。 ( )

9. 工件以圆锥孔在较长心轴上定位可限制工件 3 个自由度。 ( )

10. 在设计夹具时，为防止切削力使零件变形而导致精度降低，故夹紧力要尽可能地接近加工表面。 ( )

11. 金属在超塑性状态下不会产生颈缩现象，可以加工出形状复杂的零件。 ( )

12. 金属的工艺性能是指金属在各种加工中所表现出的性能。 ( )

13. 金属的工艺性能好，表明其适应各种冷、热加工，加工质量容易保证，加工成本也较低。 ( )

# 综合练习题三

## 一、填空题

1. 低合金高强度钢是在________的基础上加入了少量的合金元素而形成的钢。

2. 高速工具钢与普通工具钢相比具有较高的________。

3. ________是热处理工艺的重要依据。

4. 在各种退火方法中，加热温度最高、保温时间最长的是________。

5. 低碳钢和低碳合金钢一般选择________作为预备热处理。

6. 冷变形金属加热时发生的显微组强变化过程包括________、________和________3个阶段。

7. 经调质处理的中碳结构钢通常采用________试验测其硬度。

8. 滚动轴承钢的热处理主要是铸造后进行________，制成零件后进行的最终热处理工艺是________和________。

9. 锻造时一般单件小批量生产采用________锻；中小批量，形状复杂的锻件可采用________锻。大批量生产形状比较复杂，精度要求较高的中、小型锻件可采用________。

10. 直流弧焊机________接法适合焊接较薄的焊件或不需要较多热量的焊件。

11. 焊条的组成由________、________两部分组成。

12. 气焊的焊丝与焊炬之间的角度为________。

## 二、单选题

1. 冷变形强化中的纤维组织的位错密度(　　)。

A. 提高　　B. 降低　　C. 不变　　D. 先降低后提高

2. 已知 T12 钢的 Acr＝730 ℃，ACcm＝800 ℃，为了消除钢中网状渗碳体，采用正火热处理时，最适合的加热温度是(　　)。

A. 750～760 ℃　　B. 780～800 ℃　　C. 820～830 ℃　　D. 830～850 ℃

3. 用 GCr15 钢制造滚动轴承，为了改善切削加工性，采用的热处理为(　　)。

A. 淬火+中温回火　　B. 表面淬火　　C. 淬火+低温回火　　D. 球化退火

4. 为改善低碳钢的切削加工性通常采用(　　)。

A. 正火　　B. 退火　　C. 回火　　D. 表面热处理

5. α-Fe 是具有(　　)晶格的铁。

A. 体心立方　　B. 面心立方　　C. 密排六方　　D. 复杂斜方

6. γ-Fe 是具有(　　)晶格的铁。

A. 体心立方　　B. 面心立方　　C. 密排六方　　D. 复杂斜方

7. 合金固溶强化主要原因是(　　)。

A. 晶格类型变化　　B. 晶粒细化　　C. 晶格畸变　　D. 温度升高

8. 奥氏体是(　　)晶格。

A. 体心立方　　B. 面心立方　　C. 密排六方　　D. 复杂斜方

9. 单件小批量生产铸件时采用(　　)。

A. 手工造型　　B. 机器造型　　C. 石蜡造型　　D. 砂型铸造

10. 在型腔表面刷一层石墨涂料，可提高其耐火性，从而防止铸件产生(　　)。
A. 裂纹　　B. 气孔　　C. 粘砂　　D. 砂眼
11. (　　)适合于焊接厚度小于 0.5 mm 的工件，特别适合焊接异种材料。
A. 摩擦焊　　B. 超声波焊　　C. 爆炸焊　　D. 激光焊
12. 车削长度为 200 mm，圆锥角为 20" 的圆锥是应用(　　)进行车削。
A. 小滑板转位法　　B. 偏移尾座法　　C. 靠模法　　D. 宽刃法
13. 车削螺距为 1.5 mm 的双头螺纹，车床的进给量应是(　　)mm/r。
A. 1.5　　B. 0.75　　C. 3　　D. 都不对
14. 刨削由于(　　)限制了切削速度的提高。
A. 刀具切入切出时有冲击　　B. 回程不工作　　C. 单刃刀具
15. 纠正钻偏的措施是采用(　　)。
A. 磨孔　　B. 扩孔　　C. 镗孔　　D. 拉孔
E. 铰孔
16. 钻床钻孔易产生(　　)精度误差。
A. 位置　　B. 形状　　C. 尺寸
17. 高速钢的热硬性温度为(　　)。
A. 550~650 ℃　　B. 800~1 000 ℃　　C. 1 000~1 200 ℃
18. 程序段 G01x30 2-20 P150T0101 MO03 S800 中 G01 表示(　　)。
A. 直线插补　　B. 圆弧插补
C. 调用一号刀具　　D. 调用一号刀刀补
19. 下列材料中，属于不锈钢的是(　　)。
A. Q235A　　B. 1Cr13　　C. 40Cr　　D. 20CrMnTi
20. 用于制造截面积较大、屈服强度要求较高的重要弹簧的钢种是(　　)。
A. 合金弹簧钢　　B. 滚动轴承钢　　C. 合金调质钢　　D. 合金渗碳钢
21. 用于制造渗碳零件的合金钢为(　　)。
A. 合金弹簧钢　　B. 滚动轴承钢　　C. 合金调质钢　　D. 合金渗碳钢

**三、判断题**

1. Q390 表示屈服强度≥39 MPa 质量等级为 A 级的高强度碳素结构钢。　(　　)
2. 40Cr 钢是合金渗碳钢。　(　　)
3. 60Si2Mn 是合金调质钢。　(　　)
4. 可能通过球化退火灰口铸铁变成球墨铸铁。　(　　)
5. 体心立方晶格的原子位于立方体的 8 个顶角及立方体六个面的中心。　(　　)
6. 非晶体具有各向异性的特点。　(　　)
7. 金属的实际结晶温度均低于理论结晶温度。　(　　)
8. 金属结晶时过冷度越大，结晶后晶粒越细。　(　　)
9. 一般来说，晶粒越细小，金属材料的力学性能越好。　(　　)
10. 定位误差包括工艺误差和设计误差。　(　　)
11. 气焊是利用气体火焰作为热源来熔化母材和填充金属，实现金属焊接的一种方法。
(　　)
12. 金属锻压加工能够获得形状较复杂的工件。　(　　)
13. 冲裁过程中，被料要经过弹性变形、塑性变形和分离 3 个阶段。　(　　)

# 综合练习题四

## 一、填空题

1. 采用焊条电弧焊时，焊接电流的选择主要根据________和________确定。
2. ________是指在主运动的一个循环内，刀具在进给方向上相对于工件的位移量。
3. 成批磨削加工刚性较好且磨削长度较短的工件较常采用________。
4. 切削用量中，对刀具耐用度影响最大的是________。
5. 主切削刃与基面构成的夹角称为________。
6. ________、________、________联合使用，是加工中、小孔的典型工艺。
7. 铣削加工中，主运动是________，进给运动是________或________的移动。
8. 金属制品的生产过程分为________阶段、________阶段和使用阶段。
9. 工程中常用的特殊性能钢有________、________、耐磨钢。
10. HT300 中“HT”的含义是________。
11. 合金按照用途可分为________、________和特殊性能钢 3 类。
12. 根据铸铁在结晶过程中的石墨化程度不同，铸铁可分为________、________和________ 3 类。

## 二、单选题

1. 用于制造重要的刃具、工量具、耐冲击工具和模具的钢材是（　　）。
   A. 合金弹簧钢　B. 滚动轴承钢　C. 合金调质钢　D. 合金工具钢
2. 下列属于渗碳钢的是（　　）。
   A. 100#　B. 25#　C. 30#　D. 40#
3. 热硬性温度最高的刀具材料是（　　）。
   A. 碳素工具钢　B. 合金工具钢　C. 高速钢　D. 硬质合金
4. 对材料牌号 ZG200-100 说法正确的是（　　）。
   A. 200 是屈服强度　B. 200 是抗拉强度最低值
   C. 100 是屈服强度最低值　D. 100 是屈服强度最高值
5. 铁素体与渗碳体的机械混合物是（　　）。
   A. 珠光体　B. 莱氏体　C. 共晶渗碳体　D. 索氏体
6. 纯铁在 600 ℃是（　　）晶格。
   A. 体心立方　B. 面心立方　C. 密排六方　D. 复杂斜方
7. 合金钢要充分显示出良好的特性，必须进行（　　）。
   A. 渗氮　B. 渗碳　C. 加工硬化　D. 热处理
8. 渗碳层深度一般为（　　）。
   A. 0.2~0.5 mm　B. 0.5~2.5 mm　C. 2.0~3.5 mm　D. 3.5~4.0 mm
9. 淬火的主要目的是使材料获得（　　）组织。
   A. 马氏体　B. 铁素体
   C. 奥氏体　D. 奥氏体和马氏体

10. 加工中心主轴常用 40Cr 制造，综合力学性能要求很高，强度、塑性及韧性配合良好，要达到这一性能要求，一般热处理方式选用(　　)。

A. 正火　　B. 退火　　C. 调质　　D. 淬火

11. 可锻铸铁是由白口铸铁经(　　)处理后获得的。

A. 正火　　B. 退火　　C. 蠕化　　D. 球化

12. 钢锻造时应该在铁碳合金相图中的(　　)区进行。

A. 单相铁素体　　B. 单相奥氏体　　C. 珠光体

13. 目前，非铁金属生产常用的熔炼方法是(　　)。

A. 电炉熔炼　　B. 冲天炉熔炼　　C. 坩埚炉熔炼　　D. 高炉熔炼

14. (　　)用于铸造薄壁、形状不复杂的表面轮廓清晰的铸件。

A. 金属型铸造　　B. 压力铸造　　C. 低压铸造　　D. V 法铸造

15. 低合金钢锻件及截面宽大的锻件冷却方式是(　　)。

A. 空冷　　B. 坑冷　　C. 随炉缓冷

16. 在一平板上安装一零件，除长方向的一个自由度未被限制外，其余自由度均被限制，此定位方式属于(　　)。

A. 完全定位　　B. 不完全定位　　C. 欠定位　　D. 过定位

17. 影响工件形状精度，产生振动的力是(　　)。

A. 主切削力　　B. 进给抗力　　C. 切深抗力　　D. 轴向力

18. 在车削端面时，如果车刀走完后中间留下一凸台，是车刀(　　)。

A. 安装低了　　B. 安装高了　　C. 安装偏了　　D. 以上都有可能

19. 一次进给将 $\phi 6$ cm 的坯料车成 $\phi 52$ mm，切削深度是(　　)mm。

A. 8　　B. 4　　C. 2　　D. 1

20. 车削直径为 $\phi 50$ mm 的轴一次车削成 $\phi 44$ mm，若主轴转速为 600 mm/min，则切削速度为(　　)m/min。

A. 30　　B. 82.9　　C. 94.2　　D. 88.4

21. 后角的作用是减少(　　)的摩擦。

A. 前刀面与工件　　B. 前刀面与切屑　　C. 后刀面与切屑　　D. 后刀面与工件

**三、判断题**

1. 接近共晶成分的铁碳合金，其铸造性能较好。(　　)

2. 欠定位在加工过程中是允许的。(　　)

3. 外圆磨削时，砂轮和工件的旋转方向相同。(　　)

4. 在一般车削中，刀具的前角大，切削抗力也大。(　　)

5. 更换刀具、测量加工表面以及变换进给量时，不必停车。(　　)

6. 砂轮具有一定的自锐性，因此磨削时砂轮并不需要修整。(　　)

7. 在铣通槽和钻通孔加工生产中，允许出现欠定位。(　　)

8. 金属切削加工是切削刀具将材料或工件上多余材料切除，以获得所要求的几何形状、尺寸精度和表面质量的方法。(　　)

9. 主运动是切下切屑所需要的最基本的运动，任何切削过程，通常只有一个主运动，最多不超过 2 个主运动。(　　)

10. 加入合金元素对奥氏体化无任何影响。 （ ）
11. W18Cr4V 是常用的高速工具钢。 （ ）
12. 合金渗碳钢都是低碳钢。 （ ）
13. 合金工具钢都是高碳钢。 （ ）

# 综合练习题五

## 一、填空题

1. 合金调质钢是在________钢的基础之上加入合金元素经过调质处理得到的钢。

2. 常用的不锈钢有________和________两种。

3. 某机床主轴(40Cr 钢)的加工工艺流程是:下料→锻造→热处理①→粗加工→热处理②→精加工→检验→入库。其中热处理①的名称是________,热处理②的名称是________。

4. 调质零件应采用________和________。

5. 含碳量为________%的铁碳合金称为共析钢,当温度冷却到________℃时,会发生共析反应,最后生成的产物称为________。

6. 组元是________。

7. 实际金属中存在________缺陷、________缺陷、________缺陷。

8. 金属的同素异构转变过程是一个________和________的过程。

9. 型芯的主要作用是用来获得铸体的________。

10. 可锻性与金属的________和________有关。

11. 二氧化碳气体保护焊主要用于________钢和________薄板。

12. 手工制芯时主要采用________制芯,单件、小批量生产时采用________制芯。

## 二、单选题

1. 当刀尖位于主切削刃上的最高点时,切削时切屑排向工件的(　　)。

A. 待加工表面　B. 已加工表面　C. 过渡表面　D. 主后刀面

2. 增大主偏角时(　　)。

A. 车刀耐热变好　B. 进给抗力变小　C. 易断屑　D. 径向力增大

3. 属于铍青铜牌号的是(　　)。

A. QSn4-3　B. QBe2　C. A19-4

4. 用于制造机床立柱、缸套、排气管的是(　　)。

A. 蠕墨铸铁　B. 灰铸铁　C. 球墨铸铁　D. 可锻铸铁

5. (　　)用于制造飞机大梁和起落架。

A. 防锈铝　B. 硬铝　C. 超硬铝　D. 锻铝

6. 加工铜呈玫瑰色,表面成氧化铜膜后为紫红色,俗称(　　)。

A. 白铜　B. 紫铜　C. 青铜　D. 铜

7. 下列适合制造麻花钻、铣刀等刃具的材料是(　　)。

A. T12A　B. T10A　C. T8A

8. (　　)元素容易导致钢材在低温时产生"冷脆"现象。

A. 硫　B. 磷　C. 氢　D. 碳

9. 下列表示桥梁用钢的是(　　)。

A. Q345R　B. Q390G　C. Q120Q　D. Q195

10. 以下金属中属于密排六方晶格的是(　　)。

A. Cr　B. $\alpha$-Fe　C. Zn　D. Pb

11. 45 钢的正常淬火组织为(　　)。

A. 马氏体　　B. 马氏体+铁素体　　C. 马氏体+渗碳体　　D. 渗碳体

12. 亚共析钢淬火的加热温度是(　　)。

A. Ac3+(30～50)℃　　B. Ac1+(30～50)℃

C. Ac3+(150～200)℃　　D. Ac1+(100～200)℃

13. 球墨铸是铁经(　　)后可获得珠光体组织。

A. 退火　　B. 正火　　C. 等温淬火　　D. 高温回火

14. 中碳钢及中碳合金钢的锻件常采用(　　)来细化晶粒和消除内应力。

A. 完全退火　　B. 球化退火　　C. 去应力退火

15. 为提高灰铸铁的表面硬度和耐磨性,采用(　　)热处理效果较好。

A. 表面淬火　　B. 去应力退火

C. 正火　　D. 以上答案都不对

16. 薄壁管材主要用(　　)锻造。

A. 精密　　B. 拉拔　　C. 挤压

17. 板料冲压的金属材料的力学性能依据是(　　)。

A. 塑性　　B. 韧性　　C. 柔性

18. (　　)适合钛合金、不锈钢及大型锻件的成形。

A. 电液成形　　B. 爆炸成形　　C. 电磁成形

19. (　　)适合加工厚度不大的小零件、板材或管材。

A. 电液成形　　B. 爆炸成形　　C. 电磁成形

20. (　　)时应选用较小的前角。

A. 车削铸铁件　　B. 精加工　　C. 车削 45 钢　　D. 车削铝合金

21. 车刀安装的高低位置对(　　)有影响。

A. 主偏角　　B. 副偏角　　C. 前角　　D. 刀尖角

**三、判断题**

1. 合金钢只有通过热处理,才能显著提高其力学性能。(　　)
2. 大部分合金钢的淬透性都比碳钢好。(　　)
3. 多晶体中各晶粒的相位是完全相同的。(　　)
4. 单晶体具有各向异性的特点。(　　)
5. 在任何情况下,铁及其合金都是体心立方晶格。(　　)
6. 同素异构转变过程也遵循晶核形成与晶核长大的规律。(　　)
7. 金属发生同素异构转变时要放出热量,转变是在恒温下进行的。(　　)
8. 一般来说,晶体内滑移面和滑移方向越多,则金属的塑性越好。(　　)
9. 压铸模是冷变形模具。(　　)
10. 假箱造型的分型面是平面。(　　)
11. 采用交流弧焊机时焊条与焊件得到的热量是相等的。(　　)
12. 常用冲天炉熔炼铸钢。(　　)
13. 型芯的材料质量主要取决于型砂。(　　)

# 综合练习题六

## 一、填空题

1. 制造砂型和型芯用的材料，分别称为________和________，统称为造型材料。

2. 目前用于生产中的切削刀具材料主要有________钢、________钢、________钢、硬质合金钢。

3. 在车外圆时，工件的回转运动属于主运动，刀具沿工件轴线的纵向移动属于________。

4. 外圆柱面的磨削常在普通外圆磨床和万能外圆磨床上进行，磨削的方法有：________、________和________。

5. 切削用量的三要素指切削速度、________与背吃刀量。

6. 切削塑性材料时，在前刀面靠近刀刃处出现的硬度较高的小块金属黏附物为________。

7. 轴一般都要有足够的________，合理的________和良好的工艺性。

8. 零件在设计过程中使用的基准称为________基准。

9. 锡基、高锡铝基轴承合金主要用于________速轴上。

10. 根据石墨形态，铸铁可分为________、________、________和________。

11. 灰铸铁中碳主要以________的形式存在，呈________状，这种铸铁可以制造________。

12. 球墨铸铁中石墨呈________状，这种铸铁可以制造________。

## 二、单选题

1. 当选用较高的切削速度、较大的切削厚度车削塑性材料时，易发生(　　)。

A. 前刀面磨损　　B. 后刀面磨损　　C. 前、后刀面同时磨损

2. 有关刀具磨损的说法不正确的是(　　)。

A. 初期磨损较快　　B. 在急剧磨损中期应及时刃磨刀具

C. 正常磨损较慢　　D. 刀具的磨损由机械摩擦和切削热造成

3. 下列对车削时断屑的说法中，不正确的是(　　)。

A. 背吃刀量增大、不易断屑　　B. 增大主偏角、易断屑

C. 增大前角、切削变形大、易断屑　　D. 增大进给量、易断屑

4. 下列关于主偏角的说法中，不正确的是(　　)。

A. 工件刚性差时，主偏角应取得大些　　B. 其角度大小影响刀强度

C. 车细长轴时应取较大主偏角　　D. 影响工件的表面粗糙度

5. 下列对于车削时产生积屑瘤的说法中，不正确的是(　　)。

A. 粗车时，积屑瘤可起到保护刀尖的作用　　B. 积屑瘤会影响加工精度

C. 积屑瘤会影响加工表面质量　　D. 高速钢低速切削时易产生积屑瘤

6. 下列属于冷冲压钢的是(　　)。

A. 20#　　B. 10#　　C. 40#　　D. 30#

7. 合金结构钢 60Si2Mn 的含碳量是(　　)。

A. 6.0%　　B. 0.6%　　C. 2%　　D. 0.2%

8. H70 表示含锌(　　)。

A. 70%　　B. 30%　　C. 100%　　D. 40%

9. 耐热温度为 550~650 ℃的刀具材料是(    )。

A. 合金工具钢　　B. 高速钢　　C. 硬质合金

10. 铸铁中的碳以石墨的形态析出的过程称为(    )。

A. 石墨化　　B. 球化处理　　C. 变质处理　　D. 变质处理

11. 合金含有(    )的金属元素与非金属元素组成的金属材料。

A. 1 种　　B. 2 种　　C. 2 种以上　　D. 以上都不对

12. 下列属于有色金属的是(    )。

A. 25Mn　　B. 40MnVB　　C. U71Mn　　D. TA5

13. 固溶处理后的铝合金随着时间的推移,其性能会发生显著的变化,这种现象称为(    )。

A. 淬火　　B. 时效硬化　　C. 退火　　D. 回火

14. 冷成形弹簧冷卷成形后,需要在 250~300 ℃范围内进行去应力退火,以消除应力(    )。

A. 稳定尺寸　　B. 提高塑性　　C. 提高硬度

15. 合金渗碳钢经过渗碳处理(    )后,可满足使用要求。

A. 淬火加低温回火　　B. 淬火加中温回火　　C. 淬火加高温回火

16. 感应加热表面淬火主要用于(    )。

A. 低碳钢　　B. 高碳钢　　C. 中碳钢和中碳合金钢

17. 为消除加工硬化现象一般采取(    )。

A 退火　　B. 正火　　C. 回火

18. 切削加工铸锻件、焊接件前,应对工件进行(    )处理。

A. 淬火　　B. 回火　　C. 退火或正火　　D. 调质

19. 中温回火的温度是(    )。

A. 150~250 ℃　　B. 250~150 ℃　　C. 250~500 ℃　　D. 500~650 ℃

20. (    )特别适合于管类零件的成形加工。

A. 电液成形　　B. 爆炸成形　　C. 电磁成形

21. 下列材料中不可采用锻造方法加工的是(    )。

A. 45#　　B. W18Cr4V　　C. 可锻铸铁　　D. 40Cr

## 三、判断题

1. 车削时,工件每转一转刀具沿进给方向移动的距离为切削速度。(    )

2. 主偏角是主切削刃在基面上的投影与运动方向之间的夹角。(    )

3. 副偏角越大,加工表面上残留面积越大,高度越高,工件表面粗糙度越大。(    )

4. 精加工时一般选择刃倾角为负值的车刀,此时切屑沿刀具正面流出。(    )

5. CA6410 车床可以在不停止机动进给的情况下启动快速电动机,使刀架在相应方向上作快速移动。(    )

6. 在普通车床上钻孔时,主运动由钻头的旋转来完成。(    )

7. 使用成形刀车削成形面时,切削刃与工件接触面积大,容易引起振动,为防止振动,应选用较小的进给量和切削速度。(    )

8. 车削内孔的关键技术在于接触车刀的刚性和排屑问题。(    )

9. 低合金钢是含碳量低于 0.25%的合金钢。(    )

10. 不锈钢中含碳量越高,其耐蚀性越好。(    )

11. 由于锰、硅都是有益元素,适当增加其含量,能提高钢的强度。（　　）
12. 65Mn 等含碳量大于 0.6%的碳素钢适用于制作弹簧。（　　）
13. 可锻铸铁可以锻造。（　　）

# 综合练习题七

## 一、填空题

1. 塑料是以________为基础，再加入一些用来改善使用性能和工艺性能的________制成的高分子材料。

2. 塑料按合成树脂的性能，塑料分为________和________。

3. 时效后脱溶相与基体界面关系有________、________、________。

4. 时效强化是________与________的相互作用。主要有位错绕过机制与位错切割机制。

5. 淬火后的工件不能直接使用，必须经过________处理。

6. 铝合金按其成分及生产工艺特点，可分为变形组织和铸造组织，铝合金的时效方法可分为________和________。

7. 实际金属晶体的缺陷有________、________、________。

8. 积屑瘤的产生在________时要设法避免，但对粗加工有一定的好处。

9. 型砂中水分过多，会使铸件产生________。

10. 单件小批量生产大型锻件常采用________。

11. 自由锻造坯料加热的目的是提高________和降低金属的变形抗力。

12. ________是利用焊件表面相互摩擦所产生的热，使端面达到热塑性状态然后迅速顶锻完成焊接的一种压焊方法。

## 二、单选题

1. 挖沙造型时铸件的分型面为(　　)。

A. 曲面　　B. 平面　　C. 曲面或平面

2. 非合金钢的终锻温度常取(　　)。

A. 600 ℃　　B. 700 ℃　　C. 800 ℃　　D. 900 ℃

3. 在切削用量中考核刀具移动量的是(　　)。

A 切削速度　　B. 背吃刀量　　C. 进给量

4. 为防止坯料在镦粗时产生弯曲坯料原始高度应小于其直径的(　　)。

A. 1 倍　　B. 2 倍　　C. 2. 5 倍　　D. 3 倍

5. 适合于磨削余量较大和刚性较好的磨削方法是(　　)。

A. 横磨法　　B. 纵磨法　　C. 分段综合磨削法　　D. 纵横磨法

6. 车刀的前角是前面与基面之间的夹角，是在(　　)。

A. 基面中测量的　　B. 主切削平面测量的

C. 副切削平面测量的　　D. 正交平面内测量的

7. 机用虎钳主要用于装夹(　　)。

A. 轴类零件　　B. 矩形工件　　C. 盘形零件

8. (　　)卡盘夹紧力大，其卡爪可以单独调整，特别适合装夹形状不规则的工件。

A. 三爪　　B. 四爪单动　　C. 五爪

9. 切削用量中对切削温度影响最大的是(　　)。

A. 进给量　　B. 切削深度　　C. 切削速度

10. 以下各角度在正交平面内测量的是(　　)。
A. 前角　　B. 刃倾角　　C. 主偏角

11. 可锻铸铁中的团絮状石墨由(　　)方式获得。
A. 由白口铸铁经高温退火从渗碳体分解而得到
B. 直接从液体中结晶而得
C. 由灰口铸铁经锻造而得
D. 上述说法都不对

12. 制造自来水管的弯头、接头、三通应选用(　　)。
A. 可锻铸铁　　B. 灰口铸铁　　C. 球墨铸铁　　D. 白口铸铁

13. 制造柴油机曲轴应选用(　　)。
A. 可锻铸铁　　B. 灰口铸铁　　C. 球墨铸铁　　D. 白口铸铁

14. 可锻铸铁应理解为(　　)。
A. 锻造成形的铸铁　　B. 可以锻造的铸铁
C. 具有一定的塑性和韧性的铸铁　　D. 上述说法都不对

15. 为促进铸铁石墨化,可采用下述方法(　　)。
A. 提高 W(C)、W(Si),提高冷却速度　　B. 增加 W(C)、W(Si),降低冷却速度
C. 降低 W(C)、W(Si),提高冷却速度　　D. 降低 W(C)、W(Si),降低冷却速度

16. (　　)容易导致钢材在低温时产生“冷脆”现象。
A. 硫　　B. 磷　　C. 氢　　D. 碳

17. 下列不属于硬质合金的特点的是(　　)。
A. 硬度高　　B. 耐磨性好　　C. 耐高温　　D. 韧性好

18. 铁碳合金的基本组织中为单相组织的有(　　)。
A. 铁素体、珠光体、莱氏体　　B. 铁素体、奥氏体、渗碳体
C. 莱氏体、渗碳体、马氏体　　D. 奥氏体、珠光体、马氏体

19. 钢在热处理过程中组织结构未发生变化的是(　　)。
A. 完全退火　　B. 正火　　C. 去应力退火　　D. 球化退火

20. 碳钢淬火时,一般应用(　　)冷却介质。
A. 水　　B. 油　　C. 空气　　D. 乳化液

21. 淬火一般安排在(　　)。
A. 毛坯制造之后　　B. 粗加工之后　　C. 磨削之前　　D. 磨削之后

**三、判断题**

1. 实际上滑移是借助于位错的移动来实现的,故晶界处滑移阻力最小。(　　)
2. 回复时,金属的显微组织没有明显变化。(　　)
3. 再结晶与液体金属结晶一样,有一固定的结晶温度。(　　)
4. 金属铸件可以用再结晶退火来细化晶粒。(　　)
5. 热加工过程实际上是加工硬化和再结晶这两个过程的交替进行。(　　)
6. 固溶体的晶格类型与溶剂的晶格类型相同。(　　)
7. 金属化合物的晶格类型完全不同于任一组元的晶格类型。(　　)
8. 金属化合物一般具有复杂的晶体结构。(　　)

9. 电阻焊的焊件不需要开坡口,不易产生气孔及夹渣等缺陷,不易出现淬硬组织和冷裂倾向。 ( )

10. 采用交流弧焊机焊接时,当把焊件接阴极,焊条接阳极时,称为正接法。 ( )

11. 锻造不仅能改变金属坯料的形状而且可以改善金属内部组织。 ( )

12. 为保持冷变形金属的强度和硬度,应采用再结晶退火。 ( )

13. 积屑瘤一般在车削塑性材料时产生,因其具有保护车刀刀尖的作用,故在车削过程是允许存在的。 ( )

# 综合练习题八

## 一、填空题

1. 直流弧焊机正接法时焊条接________极，焊件接________极。

2. 金属在锻压加工过程中产生塑性变形而不开裂的能力称为金属的________。

3. 刀具磨损的过程分________阶段、________阶段、________阶段。

4. 成批加工精度高，锥度较长的轴类零件时，应采用________法。

5. 当工件的刚性较差时主偏角应选取得较________。

6. 外圆车刀的 3 个刀面是________、________和主后面。

7. 根据工件加工精度要求，车削步骤一般分为粗车、________、精车和________。

8. 当刃倾角为正值时，切屑流向工件________。

9. 根据《金属切削机床型号编制方法》规定，我国的机床型号由________和________按一定的规律组合而成。

10. 铣削方式有________和________两种。

11. 工艺性能包括铸造性能、锻压性能________、热处理性能及________等。

12. 硬度测定方法有________、________和回弹高度法 3 种。

13. 金属的________越好，其锻造性能就越好。

14. 金属材料的________性能是评定金属材料质量的主要依据，也是金属构件设计时选材和进行强度计算的主要依据。

15. 夏比摆锤冲击试验在试样上开缺口的目的是在缺口附近造成________集中，使塑性变形局限在缺口附近。

16. 代号 63715 的滚动轴承，其类型是________轴承，内径为________ mm。

## 二、单选题

1. 位错是一种(　　)。

A. 线缺陷　　B. 点缺陷　　C. 面缺陷　　D. 不确定

2. 晶体中原子一定规则排列的空间几何图形称为(　　)。

A. 晶粒　　B. 晶格　　C. 晶界　　D. 晶相

3. 纯铁在 1 450 ℃时为(　　)晶格，在 1 000 ℃时为面心立方晶格，在 600 ℃时为体心立方晶格。

A. 体心立方　　B. 面心立方　　C. 密排六方　　D. 以上都对

4. 焊条电弧焊的电压一般为(　　)。

A. 220 V　　B. 20~35 V　　C. 380 V　　D. 36 V

5. 冷热加工的区别在于加工后是否存在(　　)。

A. 加工硬化　　B. 晶格改变　　C. 纤维组织　　D. 以上答案都对

6. 金属热变形与冷变形的分界线是(　　)。

A. 回复温度　　B. 再结晶温度　　C. 加热温度　　D. 软化温度

7. 一般根据所用钻头的直径和工件材料的硬度来选择钻床的主轴转速，钻(　　)时选择较大主轴转速。

A. 大直径孔　　B. 小直径孔　　C. 通孔

8. 为增加工件的刚性，采用(　　)固定在车床鞍上，并随着床鞍一起移动实现工件的加工。

A. 跟刀架　　B. 中心架　　C. 龙门架

9. 铣削平面的方法主要有(　　)和端面铣削。

A. 圆周铣削　　B. 顺铣削　　C. 逆铣削

10. 车外圆时，切削速度计算公式中的直径 D 是指(　　)。

A. 待加工表面　　B. 加工表面　　C. 已加工表面

11. 刀具的刃倾角在切削中的主要作用是(　　)。

A. 使主切削刃强度增加

B. 控制切屑流出方向

C. 控制切削力大小

12. 下列主运动不是旋转运动的是(　　)。

A. 车削　　B. 铣削　　C. 镗削　　D. 刨削

13. 以外圆车刀为例，与工件已加工表面相对的是(　　)。

A. 前刀面　　B. 主后刀面　　C. 副后刀面　　D. 后刀面

14. 碳钢之所以获得广泛的应用，是由于它具有良好的力学性能。下列选项中不属于材料力学性能指标的是(　　)。

A. 强度　　B. 塑性　　C. 韧性　　D. 互换性

15. 不能通过拉伸试验来确定的性能指标是(　　)。

A. 断后伸长率　　B. 弹性模量　　C. 拉伸强度　　D. 疲劳强度

16. 金属材料抵抗(　　)的能力称为韧性。

A. 静载荷　　B. 冲击载荷　　C. 交变载荷　　D. 动载荷

17. 用来判断碳钢切削加工性能好坏的指标为(　　)。

A. 硬度　　B. 强度　　C. 强度和韧性　　D. 硬度和韧性

18. 金属材料吸收能量对温度的变化趋势是随着温度的降低(　　)。

A. 而降低　　B. 而升高　　C. 不变　　D. 先升高后降低

19. 钢中含硫量过高会使钢出现(　　)。

A. 冷脆　　B. 热脆　　C. 氢脆

20. 下列符号中表示强制性国家标准的是(　　)。

A. GB/T　　B. GB/2　　C. GB　　D. GB/G

21. 硬质合金的红硬性可达到(　　)℃。

A. 500 ~ 600　　B. 600 ~ 800　　C. 800 ~ 1 000　　D. 1 000 以上

22. 合金是两种或两种以上的金属元素或金属与非金属元素熔合在一起得到的一种具有(　　)的物质。

A. 物理特性　　B. 金属特性　　C. 化学特性　　D. 力学特性

23. RuT420 牌号中 420 表示(　　)。

A. 屈服强度　　B. 抗拉强度　　C. 抗剪强度　　D. 抗弯强度

## 三、判断题

1. 双手控制法车削成形面因其操作简单，对工人技术水平要求较低，所以适用于批量生产。（　　）

2. 车螺纹时必须用丝杠带动车刀进给，并使进给量等于螺纹导程。（　　）

3. 铣刀的主运动是铣刀的旋转运动或工件的移动。（　　）

4. 数控加工中心是将数控车床和数控铣床组合在一起而形成的机床。（　　）

5. 刀具寿命的长短、切削效率的高低与刀具材料切削性能的优劣有关。（　　）

6. 由于硬质合金的抗弯强度较低，冲击韧度差，所取前角应小于高速钢刀具合理前角。（　　）

7. 在夏比摆锤试验中，V 形缺口比 U 形缺口更容易冲断。（　　）

8. 一般来说，刀具材料的硬度越高，强度和韧性就越低。（　　）

9. 钢铁及合金牌号统一代号体系简称“ISO”。（　　）

10. 维氏硬度试验测试的硬度值准确性较高且测试简单、方便。（　　）

11. 塑性很好的软钢丝，只要反复弯曲几次就会因冷变形强化而发生脆性断裂。（　　）

12. 屈服强度是指在拉伸试验过程中载荷保持不变的情况下，拉伸试样仍然能继续变形时的应力。（　　）

13. HT300 表示最低屈服强度为 300 MPa。（　　）

# 综合考试

## 综合考试题一

### 一、填空题

1. 热处理的工艺过程可用________表示。

2. 在一定条件下淬火后，获得淬硬层深度的能力称为________。

3. 在零件图上所用的基准是________。

4. 金属的整个结晶过程包括________和________两个基本过程组成。

5. 当含碳量超过 1%时，由于在钢中形成________组织，使钢的________开始下降。

6. 随回火加热温度的升高，钢的________和________下降，而________和________提高，回火分为低温回火、中温回火、高温回火。

7. 金属材料的强化方式主要有________、________、________、时效强化和第二相强化等。

8. 均匀化处理的目的是在高温下通过________消除或减小实际结晶条件下晶内成分________和偏离于________的组织状态，改善合金材料的工艺性能和使用性能。

9. 基于回复及再结晶过程退火主要应用是消除金属及合金因________而造成的组织与性能亚稳定状态。变形前的原始晶粒小，变形储能________，再结晶温度________。

10. 20CrMnTi 是合金________钢，CrWMn 是合金________。

### 二、单选题

1. 表示布氏硬度的是(　　)。

A. 75HRA　　B. 150HBW　　C. 700HV　　D. 65HRC

2. 球墨铸铁的碳在金属基体中的存在形态是(　　)。

A. 球状石墨　　B. 蠕虫状石墨　　C. 团絮状石墨　　D. 片状石墨

3. 灰铸铁中的碳主要以(　　)的形态存在于铸铁中。

A. 渗碳体　　B. 片状石墨　　C. 球状石墨态　　D. 蠕虫状石墨

4. 球墨铸铁中的碳主要以(　　)的形态存在于铸铁中。

A. 渗碳体　　B. 片状石墨　　C. 球状石墨　　D. 团絮状石墨

5. 耐蚀性相对最差的不锈钢是(　　)。

A. 铁素体型不锈钢　　B. 奥氏体不锈钢　　C. 马氏体型不锈钢　　D. 铬镍不锈钢

6. 金属型铸造与砂型铸造相比，前者(　　)。

A. 冷却速度较快　　B. 铸件结晶较致密　　C. 适用范围较小　　D. 生产成本低

7. 适合单件小批量生产和磨削细长轴类工件的方法是(　　)。

A. 横磨法　B. 纵磨法　C. 分段综合磨削法　D. 以上都不对

## 三、判断题

1. 当基体组织一定时,铸铁的性能主要取决于石墨的形态。(　　)
2. 通过热处理可以改变铸铁的基本组织,故可显著地提高其力学性能。(　　)
3. 任何热处理都由加热、保温和冷却 3 个阶段组成。(　　)
4. 奥氏体向铁素体的转变是铁发生同素异构转变的结果。(　　)
5. 再结晶过程也是形核和长大的过程,所以再结晶过程也是相变过程。(　　)
6. 低温回火后的组织是回火马氏体,主要用于高碳钢工具、模具、渗碳件、渗氮件等。(　　)
7. 回火的主要目的是消除淬火造成的残余应力,故回火与去应力退火相同。(　　)
8. 高碳钢可用正火代替退火,以改善其切削加工性。(　　)
9. 浇口杯起承接导入熔融金属,减轻金属液对铸型的冲击和阻挡熔渣流入型腔的作用。(　　)
10. 型砂中的煤粉,其作用是煤粉燃烧后产生的气体使铸件与型砂不直接接触,改善型砂的透气性。(　　)
11. 刀具寿命仅反映刀具几何参数和切屑用量选择的合理与否。(　　)

## 四、多选题

1. 在切削加工中,切削液能起到(　　)作用。

A. 冷却　B. 润滑　C. 清洗　D. 防锈

2. 车削加工中的切削用量包括(　　)。

A. 上轴每分钟转数　B. 切削层公称宽度　C. 背吃刀量、切削深度

D. 进给量　E. 切削层公称厚度

3. 铸铁箱体上 $\phi$160H6 孔应采用的加工方案是(　　)。

A. 钻　B. 粗镗　C. 扩　D. 铰

E. 半精镗　F. 磨

4. 在零件图中某尺寸为 50±0.45,测得下列零件该处的实际尺寸,合格的零件为(　　)。

A. 50.25　B. 49.955　C. 49.971　D. 49.96

5. 金属材料的力学性能包含(　　)。

A. 强度　B. 密度　C. 硬度　D. 塑性

6. 金属的疲劳强度影响因素有(　　)。

A. 零件外形　B. 表面质量　C. 受力状态　D. 周围介质

7. 灰铸件具有良好的消振性,(　　)等均可用灰铸铁来制造。

A. 曲轴　B. 机床床身　C. 各类机器底座　D. 机床立柱

# 综合考试题二

## 一、填空题

1. 铸造生产中________是造型时的关键操作技术。
2. 焊芯的主要作用是________和填充焊缝金属。
3. 某机械零件要求有较高的强度和韧性，一般选用________制造。
4. 对于切削刀具来说，刀具的________和________是两个最重要的因素。
5. 常用的无损检测技术中用于内部缺陷的探伤有________和________。
6. 影响合金充型能力的因素有________、________、________。
7. 影响合金收缩的因素有________、________、________。
8. 金属材料抵抗拉伸力的强度指标主要有________、________两种。
9. ________是金属材料冷脆倾向的指标。
10. 在拉伸试验中，弹性变形阶段应力与应变成________关系。

## 二、单选题

1. 钢铁材料适合切削加工的硬度范围是(　　)。
   A. 270~300 HBW　　B. 100~200 HBW　　C. 170~260 HBW　　D. 150~250 HBW
2. 渗碳层深度一般为(　　)。
   A. 0.2~0.5 mm　　B. 0.5~2.5 mm　　C. 2.0~3.5 mm　　D. 3.5~4.0 mm
3. 回火时决定钢的组织和性能的主要因素是(　　)。
   A. 加热温度　　B. 冷却方式　　C. 保温时间　　D. 冷却温度
4. 关于回火，下列说法正确的是(　　)。
   A. 将工件加热到适当温度(150~650 ℃)保持一段时间后冷却，以获得所需要的性能的热处理工艺称为回火
   B. 回火的目的是消除淬火产生的内应力，提高硬度，降低脆性，稳定工件尺寸
   C. 低温回火后的性能是高硬度、高耐磨性
   D. 中温回火的温度是 250~350 ℃
5. 淬火冷却速度，C 曲线“鼻尖”附近的温度(　　)应快冷。
   A. 650~550 ℃　　B. 300~200 ℃　　C. 727~650 ℃
6. 调质处理得到的组织所具有的力学性能是(　　)。
   A. 硬而脆　　B. 综合力学性能好　　C. 硬度高，塑性好强度低，塑性好
7. 粗加工后安排调质处理可提高零件的(　　)。
   A. 耐磨性　　B. 硬度　　C. 强度　　D. 综合力学性能

## 三、判断题

1. 金属型铸造不适合于单件或小批量生产。(　　)
2. 冲裁过程中，板料要经过弹性变形、塑性变形和分离 3 个阶段。(　　)
3. 主轴部件是机床的执行件。(　　)
4. 用几把刀具同时加工零件的几个表面，称为复合工步。在工艺文件上复合工步应当作一个工步。(　　)

5. 粗加工的温度比较高,所以选用以润滑为主的油溶性切削液。 ( )
6. 更换刀具、测量加工表面以及变换进给量时,不必停车。 ( )
7. 粗基准最好重复使用,以提高加工效率。 ( )
8. 一般在精加工时,对加工表面质量要求高时,刀尖圆弧半径宜取较小值。 ( )
9. 主偏角的大小直接影响车刀的散热条件。 ( )
10. 高碳钢、铸铁等的屈服强度比低碳钢的屈服强度高。 ( )
11. 低碳钢的焊接性比高碳钢差。 ( )

## 四、多选题

1. 钢材按化学成分分类,可分为( )。

A. 非合金钢　B. 低合金钢
C. 合金钢　D. 特殊质量非合金钢

2. 根据交流电的频率不同,感应加热表面淬火可分为( )。

A. 高频　B. 中频　C. 低频　D. 工频

3. 感应淬火主要用于( )。

A. 40Cr　B. 20　C. 45　D. 65

4. 在常见铸件缺陷中,由浇注温度过高引起的有( )。

A. 缩孔与缩松　B. 粘砂　C. 冷隔
D. 浇不足　E. 气孔　F. 裂纹

5. 下面板料冲压工序中属于变形工序的是( )。

A. 拉深　B. 翻边　C. 修整　D. 缩口与扩口

6. 切削加工工艺过程的安排需要遵循( )。

A. 基准先行原则　B. 粗精分开原则　C. 先主后次原则　D. 先大后小

7. 切削刀具的磨损形式主要有( )。

A. 后刀面磨损　B. 前刀面磨损　C. 前后刀面同时磨损

# 综合考试题三

## 一、填空题

1. 造型材料主要包括________和________。
2. 机床型号是采用大写________字母和阿拉伯数字相结合的方式来表示的。
3. 影响铸铁石墨化的因素是________和________。
4. 特殊质量非合金钢中使用最多的是________。
5. 1Cr18Ni9Ti 是________钢。
6. 牌号 ZGMn13-1 中"ZG"表示________,含碳量________,含锰量________。
7. 为使低碳钢便于机械加工,常预先进行________热处理方式。
8. 为提高切削加工性能,45 钢应采用________热处理工艺。
9. 退火按工艺不同可分为去应力退火、完全退火、________、均匀化退火和等温退火。
10. 根据渗碳介质的物理状态不同,渗碳可分为________、________和________,其中________应用最广。

## 二、单选题

1. 如果落砂时间过早,铸铁会形成(　　)组织,从而使铸件切削加工困难。
   A. 灰口　B. 白口　C. 网状碳化物　D. 氧化物
2. 下列铸造中,(　　)是古老而又传统的基本铸造方法。
   A. 真空铸造　B. 离心铸造　C. 熔模铸造　D. 陶瓷型铸造
3. (　　)适用于批量生产分型面不是平面的铸件。
   A. 整体模造型　B. 挖砂造型　C. 假箱造型　D. 三箱造型
4. $\gamma$-Fe 转变为 $\alpha$-Fe 时,纯铁的体积会(　　)。
   A. 收缩　B. 膨胀　C. 不变　D. 以上都对
5. 再结晶和重结晶都有晶核的形成和晶核的长大两个过程,它们的主要区别在于是否有(　　)的改变。
   A. 温度　B. 晶体结构　C. 应力状态　D. 以上都对
6. 下面工序中属于冲裁工序的是(　　)。
   A. 切割　B. 落料　C. 剪切　D. 整修
7. 无损检测就是在不损坏试件的前提下,以(　　)对试件进行检查和测试的方法。
   A. 物理方法　B. 化学方法
   C. 一定的技术和设备器材　D. 以上均是

## 三、判断题

1. 非合金钢的终锻温度在 800 ℃左右。(　　)
2. 工件材料的硬度和强度越高,切削力越大,切削加工性就越差。(　　)
3. 金属塑性越高,变形抗力越小,锻压性能越好。(　　)
4. 45 钢含碳量比 65 钢高。(　　)
5. 用于制作切削速度较高的精加工切削刀具和各种复杂形状的切削刀具材料是硬质合金。(　　)

6. 拉伸试验可以用来测定强度、刚性、弹性、塑性等指标。 (　　)

7. 通常情况下，金属材料硬度越高越难切削，但硬度不高，韧性大的金属材料切削容易。 (　　)

8. 常见的力学性能有强度、塑性、硬度、韧性和疲劳强度等。 (　　)

9. 强度主要有屈服强度和抗拉强度两个指标。 (　　)

10. 与其他铸铁相比，球墨铸铁力学性能和铸造性能都是最好的。 (　　)

11. 可锻铸铁有一定的塑性和韧性，所以可以进行锻造加工。 (　　)

**四、多选题**

1. CNC 单元由信息的(　　)3 个部分组成。

A. 输入　　B. 输出　　C. 控制　　D. 处理

2. 切削运动是由机床提供的，(　　)中刀具的运动是主运动。

A. 钻床　　B. 铣床　　C. 车床　　D. 平面磨床

3. 塑性的判据指标是(　　)。

A. 断后伸长率　　B. 断面收缩率　　C. 断后收缩率　　D. 断面伸长率

4. 洛氏硬度用来检测(　　)的硬度。

A. 成品零件　　B. 半成品零件　　C. 淬火处理后的零件　　D. 原材料

5. 钢铁材料中的有益杂质为(　　)。

A. 硅　　B. 硫　　C. 锰　　D. 磷

6. 碳素工具钢按质量等级划分为(　　)。

A. 普通质量钢　　B. 优质钢　　C. 特殊质量钢　　D. 不确定

7. 感应淬火可分为(　　)。

A. 高频感应淬火　　B. 中频感应淬火　　C. 低频感应淬火　　D. 工频感应淬火

# 综合考试题四

## 一、填空题

1. ________频感应淬火主要用于处理中小型轴、销、套等圆柱形零件。

2. 热处理一般不改变工件的形状，而是通过改变工件内部的________或改变工件表面的________，来改善工件的工艺性能或使用性能。

3. 造型材料主要包括________和________。它主要由________砂、________剂、________物、旧砂和水组成。

4. 造型的方法通常分为________和________两大类。

5. ________、________和________是铸造生产中的重要工序。

6. 特种铸造包括________、________、________和________等。

7. 型芯的主要作用是用来获得铸件的________。

8. 为了顺利填充________和________，在铸型中开设了一系列通道，称为浇注系统。

9. 切屑层横截面积为1.2 mm，进给量为0.4 mm，主偏角为90°，则切削宽度为________ mm。

10. 切削塑性材料时，在前刀面靠近刀处出现的硬度较高的小块金属粘附物，我们把它称为________。

## 二、单选题

1. (　　)不属于无损评价的含义。

A. 测量缺陷的强度和韧性

B. 发现缺陷

C. 探测试件的尺寸、形状、性质

D. 获取缺陷部位的组织、残余应力等信息

2. 为了给产品质量给出全面、准确的评价，无损评价不仅要应用无损检测技术还要与下列哪些技术和方法相结合？(　　)

A. 自动化技术　　B. 安全评定　　C. 风险分析　　D. 以上均是

3. 镗削椭圆孔时，将立铣头转过 $\alpha$ 角度后利用进给来达到(　　)。

A. 工作台垂直向进给　　B. 主轴套筒进给　　C. 工作台横向进给

4. 锻造流线在(　　)方向抗拉强度最好。

A. 横　　B. 纵　　C. 斜　　D. 轮廓

5. 下列易产生集中缩孔的碳元素含量是(　　)。

A. 0.77%C　　B. 2.11%C　　C. 4.3%C

6. 由于(　　)在结晶过程中收缩率较小，不容易产生缩孔、缩松以及开裂等缺陷，所以应用较广泛。

A. 可锻铸铁　　B. 球墨铸铁　　C. 灰铸铁

7. 在一定焊接条件下，焊接性能最好的材料是(　　)。

A. 低碳钢　　B. 高碳钢　　C. 铸铁　　D. 铜及其合金

## 三、判断题

1. 蠕墨铸铁力学性能与球墨铸铁相近，铸造性能优于灰铸铁。　　(　　)

2. KTZ450-06 表示珠光体可锻铸铁,最低抗拉强度为 450 MPa 最低伸长率。 (　　)

3. HMn58-2 中锰的含量为 58%。 (　　)

4. 制作铜锣音响常用的材料为黄铜。 (　　)

5. 水基切削液以冷却为主,油基切削液以润滑为主。 (　　)

6. 铁碳合金状态图是表示实际生产条件下,不同成分的铁碳合金在不同温度时具有的状态或组织的图形。 (　　)

7. 钢中碳的质量分数越高,其淬火加热温度就越高。 (　　)

8. 一般情况下,进行退火可软化钢材,进行淬火可硬化钢材。 (　　)

9. 自然时效是在室温下进行的,工件内部的残余应力不能完全消除。 (　　)

10. 自然时效可以部分消除工件内的部分残余应力,稳定工件的形状和尺寸。 (　　)

11. 锻压加工适用范围很广,可以加工形状比较复杂的零件。 (　　)

**四、多选题**

1. 在热处理的各项工艺中,以下属于整体热处理的是(　　)。

A. 物理气相沉积　B. 稳定化处理　C. 调质　D. 淬火

2. 焊接电弧主要包括(　　)。

A. 阳极区　B. 阴极区　C. 弧柱区　D. 热源区

3. 常见的浇注系统形式分为(　　)。

A. 顶注式　B. 中注式　C. 底注式　D. 阶梯式

4. 下列描述属于 2 个工步的是(　　)。

A. 粗镗内孔—精镗内孔　B. 铁平面—钻孔

C. 钻 2×中 6 孔　D. 钻、扩中 10 孔

5. 精基准选择的原则有(　　)。

A. 基准统一原则　B. 基准重合原则　C. 互为基准原则　D. 基准先行原则

6. (　　)能表示车刀 3 个刀面的空间位置。

A. 主偏角　B. 主后角　C. 刃倾角　D. 前角

E. 副后角

7. 零件切削加工的工序由(　　)等单元组成。

A. 工步　B. 安装　C. 工位　D. 工装

# 综合考试题五

## 一、填空题

1. 过切削刃选定点与切削相切并垂直于基面的平面称为________。

2. 钻头装夹的主要方式有________装夹和________装夹两种。

3. 车削螺距为 1.5 mm 的双头螺纹,车刀的进给量为________。

4. 在一轴零件表面上,用 $\phi10$ 的键槽铣刀铣削长度为 40 mm、宽度为 10 mm、深度为 3 mm 的封闭键槽,则工作台的移动距离为________。

5. 零件在设计和生产中,根据基准作用,可把基准分为设计基准和________基准。

6. 拉伸试样拉断前所承受的最大标称拉应力称为________。

7. 金属材料在冲击载荷下测得的力学性能是________。

8. 金属的可锻性与金属材料的________和变形抗力有关。

9. 可锻铸铁中,碳以________石墨形式存在。

10. 材料牌号 GCr4 中,其 Cr 含量为________。

## 二、单选题

1. 挖砂造型时铸件的分型面为(　　)。

A. 曲面　　B. 平面　　C. 曲面或平面

2. 目前,铸铁生产常用的熔炼方法是(　　)。

A. 电炉熔炼　　B. 冲天炉熔炼　　C. 坩埚熔炼

3. 一般情况下,下列材料中锻压性能最好的是(　　)。

A. 高碳钠　　B. 低碳钢　　C. 低合金钢　　D. 铸铁

4. 常用于空心回转体铸件的单件、成批、大量生产,并可进行双衬套、轴瓦铸造的方法是(　　)。

A. 金属型铸造　　B. 压力铸造　　C. 离心铸造　　D. 熔模铸造

5. 低碳钢、中碳钢中小型锻件的冷却方式一般采用(　　)。

A. 空冷　　B. 炉冷　　C. 坑冷

6. 下列提高轴的抗扭强度的措施,正确的是(　　)。

A. 轴直径较大时,在截面面积不变时,将实心轴改成空心轴

B. 将无缝钢管制成的圆轴改成铸铁制成的轴

C. 选用刚度小的材料

D. 对轴进行退火处理

7. 车刀应选用的材料是(　　)。

A. 40Cr13　　B. CrWMn　　C. Cr12MoV　　D. W18Cr4V

## 三、判断题

1. 锻件的冷却速度过快,会使锻件表面产生硬皮。(　　)

2. 落料和冲孔都属于分离工序,但是两者的生产目的不同。(　　)

3. 非合金钢的始锻温度常为 800 ℃左右。(　　)

4. 板料冲压主要是对薄板(其厚度般不超过 10 mm)进行冷变形。(　　)

5. 工件定位时，被消除的自由度少于 6 个，但完全能满足加工要求的定位称不完全定位。 (　　)

6. 主运动是刀具切屑所需要的最基本的运动。 (　　)

7. 任何切削过程，通常只有一个主运动，最多不超过两个主运动。 (　　)

8. 钻削加工时，钻头旋转是主运动，钻头的轴向移动是进给运动。 (　　)

9. 粗加工时切削用量三要素均需要选择较大的。 (　　)

10. 切削层公称宽度代表切削刃工作负荷的大小。 (　　)

11. 一般来说基面的方位垂直于假定的主运动方向。 (　　)

## 四、多选题

1. 力学性能的指标主要包括(　　)。

A. 强度　　B. 硬度　　C. 疲劳强度　　D. 塑性

E. 韧性　　F. 密度

2. 拉伸试验的阶段包括(　　)。

A. 弹性变形阶段　　B. 屈服阶段

C. 变形强化阶段　　D. 缩颈与断裂阶段

3. 工程塑料包括(　　)。

A. 尼龙　　B. ABS　　C. PVC　　D. 聚甲醛

4. 一般中、高速，重载齿轮，齿面硬度 HBW≥350，可采用(　　)。

A. 中碳钢、中碳合金钢经调质、表面淬火

B. 硬度符合要求的材料来制造

C. 低碳钢、低碳合金钢经渗碳淬火加低温回火

D. 锻钢制造

5. 回火按回火温度的不同分为(　　)。

A. 高温回火　　B. 低温回火　　C. 中温回火　　D. 等温退火

6. 淬火加热时间包括(　　)。

A. 升温时间　　B. 保温时间　　C. 冷却时间　　D. 回火时间

7. 型芯是为了获得铸件的(　　)。

A. 外形　　B. 局部铸型　　C. 内腔　　D. 所有型腔

# 综合考试题六

## 一、填空题

1. T10A 钢按质量分属于________钢。

2. W18Cr4V 钢的最终热处理为________，20CrMnTi 的最终热处理为________。

3. 机械制造中应用最广的刀具材料是________、________。

4. 20CrMnTi 是常见的________钢，其平均含碳量为________，热处理一般________。

5. ________是将工件加热到适当温度，保持一定的时间，然后缓慢冷却的热处理工艺。

6. 正火是指工件加热奥氏体化后在________中冷却的热处理工艺。

7. 退火与正火相比，退火的生产周期________。

8. 热处理可以充分发挥材料的潜力，提高工件的________和________，而且可以改善工件的________性能，提高加工质量和劳动生产率。

9. 能进行热处理强化的铝合金经固溶处理后的时效方法有________和________。

10. 热处理的工艺过程由________、________和冷却 3 个阶段组成。

## 二、单选题

1. 下列常用来直接检验成品或半成品零件的硬度的是(　　)。

A. 维氏硬度　　B. 布氏硬度　　C. 莫氏硬度　　D. 洛氏硬度

2. 在下列材料中，硬度最高的是(　　)。

A. 65#　　B. 20#　　C. T10

3. 从很软的金属材料到很硬的金属材料都可以测量(　　)。

A. 布氏硬度　　B. 洛氏硬度　　C. 维氏硬度　　D. 莫氏硬度

4. 在进行低碳钢的拉伸试验时，在(　　)阶段，拉伸力不再增加，但试样也会明显伸长。

A. 弹性变形　　B. 屈服　　C. 变形强化　　D. 缩颈与断裂

5. YG8 硬质合金刀具，牌号中 8 表示(　　)的质量分数。

A. 钛　　B. 钴　　C. 碳化钨　　D. 碳化钛

6. 下列牌号中被称为万能硬质合金的是(　　)。

A. YG　　B. YT　　C. YA　　D. YW

7. 适用于高热钢、高锰钢等难加工材料加工的硬质合金牌号是(　　)。

A. YG　　B. YT　　C. YA　　D. YW

## 三、判断题

1. 数控机床的主轴转速功能字是 n。(　　)

2. HRC 是指布氏硬度。(　　)

3. 通常是用硬度和韧性作为碳钢切削加工性能好坏的大致判断依据。(　　)

4. 莫氏硬度表中所列的硬度数字表明的是比例关系，但不表示硬度大小值。(　　)

5. 金属材料的硬度越高，其耐磨性也越好，但其韧性会变差。(　　)

6. 紫铜牌号中数字越大，纯度越高。(　　)

7. 铝在 100 多年前被称为“银色的金子”。(　　)

8. 纯铝有好的导电性，其导电性仅次于银。(　　)

9. YG 类硬质合金(如 YG3X、YG6X)在含钴量相同时,其硬度、耐磨性比 YG6 低,强度和韧性稍好。 (　　)

10. 钨钴类硬质合金在硬质合金基础上添加 TaC 或 NbC。 (　　)

11. YA 类硬质合金刀具主要用于加工铸铁和不锈钢。 (　　)

**四、多选题**

1. 下面造型方法中能制造分型面不是平面的造型方法是(　　)。
   A. 整体模造型　B. 挖砂造型　C. 假箱造型　D. 分开模造型

2. 铣刀按结构不同可分为(　　)。
   A. 整体式铣刀　B. 焊接式铣刀　C. 尖齿铣刀　D. 细齿铣刀

3. 以下孔加工方法中可纠正孔钻偏的措施有(　　)。
   A. 磨孔　B. 扩孔　C. 铰孔　D. 拉孔
   E. 钻孔

4. 表示车刀两个切削刃空间位置的角度是(　　)。
   A. 前角　B. 后角　C. 副后角　D. 主偏角
   E. 副偏角　F. 刃倾角

5. 工艺基准按不同场合和不同用途可分为(　　)。
   A. 设计基准　B. 定位基准　C. 测量基准　D. 装配基准

6. 夏比摆锤冲击试样缺口有(　　)。
   A. V 形　B. U 形　C. K 形　D. J 形

7. 电渣焊焊剂熔点过高,易在焊缝表面不会产生(　　)。
   A. 咬边　B. 裂纹　C. 夹渣

# 综合考试题七

## 一、填空题

1. 常用的金属熔炼设备有________、________和________。

2. ________铸造主要用于生产空心旋转体铸件。

3. ________铸造主要用于非铁金属铸件的大批量生产。

4. 通常浇注系统由________、________、________和________组成。

5. ________铸造常用于中、小型形状复杂的精密铸件及熔点高、难以压力加工的金属零件。

6. ________造型适合于铸件的外形两端截面大而中间截面小的造型方法。

7. 在一个工序中，加工表面和刀具不变的情况下，连续完成的那一部分工艺过程称为________。

8. 切削要素包括切削用量要素和________要素。

9. 在切削三要素中，对切削热影响最大的是________。

10. 加工表面上所具有的较小间距和峰谷所组成的微观几何形状特征为________。

## 二、单选题

1. 钢中有害杂质及非金属中杂物含量少，化学成分控制也较严格，塑性、韧性好。下列材料中用于制造较重要的机械零件的是(　　)。

A. Q235　　B. T12　　C. 45#　　D. ZG200-400

2. Q235-A・F 牌号中的 F 表示(　　)。

A. 中碳钢　　B. 沸腾钢　　C. 镇静钢　　D. 优质钢

3. 对于钢材的保管，下列说法正确的是(　　)。

A. 大型型钢、钢轨、厚钢板、锻件等可以露天堆放

B. 在垛位附近存放对钢材有腐蚀性的物品

C. 钢出厂前不需涂防腐剂或进行其他包装

D. 不同品种的钢材可随意放在仓库内

4. 低合金工具钢主要用于制作形状复杂的小型工件，如(　　)。

A. 螺母　　B. 丝锥　　C. 车刀　　D. 锯条

5. 制作刃具与量具的合金工具钢一般需要经过(　　)后使用。

A. 淬火加低温回火　　B. 淬火加中温回火　　C. 调质处理　　D. 水韧处理

6. (　　)的目的是消除内应力、稳定组织、保证尺寸精度。

A. 退火　　B. 正火　　C. 回火　　D. 淬火

7. 调质处理的回火加热温度为(　　)。

A. 150~250 ℃　　B. 250~450 ℃　　C. 500~650 ℃

## 三、判断题

1. 钢的碳质量分数越高，其淬火加热温度越高。　　(　　)

2. 弹簧钢一般都采用高温回火，因为高温回火后其弹性极限最高。　　(　　)

3. 钢热处理时，工件淬火后中温回火的复合热处理工艺称为调质。　　(　　)

4. 淬火后的钢一般需要及时进行回火。（ ）

5. 回火的主要目的是消除淬火造成的残余应力，故回火与去应力退火无本质区别。（ ）

6. 铰孔不适于加工非标准化尺寸的孔、盲孔。（ ）

7. 气焊是利用气体火焰和电弧热作为热源来熔化母材和填充金属，实现金属焊接的一种方法。（ ）

8. 液态收缩和凝固收缩表现为合金的体积变化，称为“体收缩”，它是铸件产生变形和开裂的主要原因。（ ）

9. 清理是指用手或机械方法使铸件与型砂、砂箱分开的操作的。（ ）

10. 水压机的规格以锤头的冲击能力大小表示。（ ）

11. 埋弧焊可以进行全位置焊接。（ ）

**四、多选题**

1. 金属材料的性能包括（ ）。

A. 机械性能　B. 化学性能　C. 使用性能　D. 工艺性能

2. 常用的淬火冷却介质有（ ）。

A. 油　B. 水　C. 空气　D. 盐水

3. 下列钢材需要进行淬火加中温回火作为最终热处理的是（ ）。

A. 耐冲击工具　B. 热成形合金弹簧　C. 滚动轴承　D. 热作模具

4. 气焊时（ ）。

A. 氧气阀门先开　B. 乙炔阀门先开　C. 乙炔阀门先关　D. 氧气阀门先关

5. 气体保护焊中，具有保护性的气体是（ ）。

A. 氩气　B. 氧气　C. 二氧化碳　D. 氦气

6. 铣床附件中不可加工圆弧的是（ ）。

A. 平口钳　B. 分度头　C. 回转工作台　D. 立铣头

7. 零件加工过程一般分为（ ）。

A. 粗加工　B. 半精加工　C. 精加工　D. 精密加工

# 综合考试题八

## 一、填空题

1. 为改善切削性能，低碳钢和低合金钢一般选择________作为预备热处理。

2. 冷加工通常是指金属________或________。

3. 切削运动含________和________两个基本运动。

4. 某试样长 50 mm，拉断时长为 100 mm，其断后伸长率 A 值为________。

5. 金属材料在循环应力作用下能经受无限多次循环而不断裂的最大应力值称为金属材料的________。

6. 夏比摆锤冲击试验在试样上开缺口的目的是在缺口附近造成________集中。

7. 钢材中含有的杂质元素中易造成钢材发生“热脆”和“冷脆”的分别是________元素和________元素。

8. 牌号 Y45Ca 中“Y”的含义是________，“45”的含义是________。

9. 黄铜是由________和________两种金属元素组成的合金。

10. 非合金钢按用途可分为________和________。

## 二、单选题

1. 钢材内部存在严重的网状碳化物组织，可选择(　　)消除网状碳化物组织。

A. 淬火　　B. 正火　　C. 去应力退火　　D. 完全退火

2. 淬火钢回火后的冲击韧度随回火温度的升高而(　　)。

A. 升高　　B. 降低　　C. 不变　　D. 先提高后降低

3. 非合金钢淬火采用(　　)。

A. 水　　B. 矿物油　　C. 盐水　　D. 空气

4. 球化退火中消除高碳钢严重网状碳化物现象可采用(　　)处理。

A. 淬火　　B. 正火　　C. 回火　　D. 表面

5. 当铸件的外形两端截面大而中间截面小时，应采用(　　)。

A. 整体模造型　　B. 假箱造型　　C. 三箱造型　　D. 活块造型

6. 下列选项中，不属于铸造特点的是(　　)。

A. 应用范围广　　B. 节约金属材料

C. 铸件的力学性能较低　　D. 铸造比锻造成本高

7. 适合于钛合金、不锈钢等难加工材料成型方法是(　　)。

A. 电磁　　B. 电液　　C. 电火花　　D. 爆炸成形

## 三、判断题

1. 镗床只能加工直径较小的孔。(　　)

2. 工件的安装包括定位和夹紧两项内容。(　　)

3. 对于短套筒零件应该先加工孔后加工外圆。(　　)

4. 粗车铸铁使用 YG8 类硬质合金车刀。(　　)

5. 有色金属零件外圆表面的精加工不宜在磨床上进行。(　　)

6. 螺旋刃铣刀，因同时有数齿参加切削，所以容易产生振动。(　　)

7. 铰孔是指用铰刀铰削工件的孔壁以提高工件尺寸精度和表面质量的方法。 ( )
8. 扩孔时辅向力小，扩孔的速度可比钻孔高。 ( )
9. 金属的力学性能主要有强度、塑性、硬度、韧性和疲劳强度等。 ( )
10. 常用的洛氏硬度标尺 HRA、HRB 和 HRC 3 种。 ( )
11. 单晶体塑性变形的主要方式是滑移。 ( )

**四、多选题**

1. 主偏角为 90°的车刀，在不旋转刀架的前提下，可以加工的表面有( )。
A. 外圆 B. 端面 C. 倒角 D. 螺纹
2. 金属材料的性能包括( )。
A. 使用性能 B. 力学性能 C. 工艺性能 D. 化学性能
3. 下列材料中是非金属材料的有( )。
A. 钢化玻璃 B. 橡胶 C. 复合材料 D. 陶瓷
4. 钢件淬火后经过回火后得到的组织是( )。
A. 马氏体 B. 奥氏体 C. 托氏体 D. 索氏体
5. 与机械加工工艺相比，热处理一般不改变工件的形状，而是通过改变( )来改善工件的工艺性能或使用性能。
A. 工件内部的显微组织
B. 工件表面的化学成分或组织
C. 工件内部的化学成分
6. 以下材料不能用于锻压加工的有( )。
A. 可锻铸铁 B. 工具钢 C. 铸造铜合金 D. 铸造铝合金
7. 冷变形强化主要用于强化的材料有( )。
A. 防锈铝 B. 奥氏体不锈钢 C. 45# D. 铜

# 综合考试题九

## 一、填空题

1. 弹簧根据加工工艺的不同可分为________弹簧和________弹簧两种。

2. 铸件的铸型组织晶粒________。

3. 淬火前,若钢中存在网状渗碳体,应采用________的方法予以消除,否则会增大钢的淬透性。

4. 在规定条件下,钢在淬火冷却时获得马氏体组织深度的能力称________,而钢在理想条件下淬成马氏体后所能达到的最高硬度称为________。

5. 在 $Fe-Fe_3C$ 相图中,ECF 线称为________,PSK 线称为________,它们对应的温度分别为 1 148 ℃和________。

6. 过冷奥氏体是在________温度以下存在,尚未转变的奥氏体。

7. 淬火的主要目的是获得________,提高钢的硬度及耐磨性。

8. 正火与退火的主要区别是,正火的________速度较快。

9. 落砂过早会使铸件产生较大的应力,从而导致________或________。

10. 焊接电流的选择主要根据________和________来确定。

## 二、单选题

1. 只需少量加工或不需加工成形方法是(　　)。

A. 精密锻造　　B. 模锻　　C. 胎膜锻　　D. 自由锻

2. 对切削力影响最大的刀具角度是(　　)。

A. 前角　　B. 后角　　C. 主偏角　　D. 刃倾角

3. 若在铣床上利用分度头六等分工件,其手柄每次转过整圈数为(　　)。

A. 6 圈　　B. 6. 67　　C. 16 个孔　　D. 24 个孔

4. 精加工时,车刀角度选择正确的是(　　)。

A. 负值刃倾角　　B. 正值刃倾角　　C. 正负都可　　D. 以上全错

5. 在万能外圆磨床上磨削余量较大且刚性较好的外圆柱面时应采用(　　)。

A. 横磨法　　B. 纵磨法

C. 分段综合磨削法　　D. 纵横交错磨削法

6. (　　)卡盘夹紧力大,其卡爪可以单独调整,特别适合装夹形状不规则的工件。

A. 三爪　　B. 四爪单动　　C. 五爪

7. 切削用量中对切削温度影响最大的是(　　)。

A. 进给量　　B. 切削深度　　C. 切削速度

## 三、判断题

1. 强度是由冲击试验获得的。(　　)

2. YT 类硬质合金刀具相比 YG 类硬质合金刀具,其硬度、红硬性、耐磨性更好。(　　)

3. 按用途分,碳钢主要有普通碳素结构钢和优质碳素结构钢两大类。(　　)

4. Q195 的最低屈服强度是 195 MPa。(　　)

5. T10A 是指平均含碳量为 1%的高级优质碳素工具钢。(　　)

6. 合金结构钢牌号的表示方法为数字+合金元素+数字。（ ）

7. 硅、锰是有害元素，硫、磷是有益元素。（ ）

8. 淬火钢随回火温度的升高，强度与硬度降低，而塑性和韧性提高。（ ）

9. 将冷变形金属加热到一定程度后，使原子回复到平衡位置，晶粒内的残余应力大大减小的现象称为回复。（ ）

10. 再结晶可以消除锻造时金属中的脆性杂质和塑性杂质的分布情况。（ ）

11. 钢的化学成分是影响渗碳的重要因素，钢中原始含碳量较高，渗层的碳浓度较小，渗碳速度慢。（ ）

**四、多选题**

1. 车刀刀尖安装高于工件回转轴线，车外圆时，则（ ）。

A. 工作前角变小　B. 工作前角不变　C. 工作前角变大　D. 工作后角变小

2. 磨削能够加工硬度高的材料是因为（ ）。

A. 磨粒硬度高　B. 砂轮硬度高　C. 砂轮具有自锐性　D. 砂轮组织紧密

3. 磨削外圆时，应有的两个进给运动是（ ）。

A. 砂轮旋转　B. 工件旋转

C. 砂轮轴向移动　D. 工作台轴向移动

4.（ ）不是车床尾座的作用。

A. 安装顶夹和钻头　B. 安装对刀　C. 支承工件

5. 下列材料中为有色金属材料的有（ ）。

A. 铝合金　B. 黄铜　C. 青铜　D. 轴承合金

6. 下列材料中为钢铁材料的有（ ）。

A. 铸铁　B. 建筑用钢材　C. 机械加工用钢材　D. 白口铸铁

7. 下列零件需要进行调质处理的是（ ）。

A. 轴类　B. 螺栓　C. 弹簧钢丝　D. 齿轮

# 综合考试题十

## 一、填空题

1. 电阻焊根据接头形式的不同分为________、________和________ 3 种。
2. 金属在超塑性状态下不产生________,变形抗力很小。
3. 焊条电弧焊常用的引弧方式有________和________两种。
4. 锻件毛坯一般比铸件毛坯的力学性能________。
5. 刨削加工中,直线往复运动是________运动。
6. 钻床通常用来加工直径在________以内的孔。
7. 金属切削加工过程中常遇到的两个基本问题是合理选择________、________。
8. 切削用量三要素是________、________和________。
9. 根据切屑形态,可把切屑分为________、________、________、________ 4 种类型。
10. 切削过程中,在刀具上形成的积削瘤可以________、________,但影响工件表面质量和尺寸精度。

## 二、单选题

1. 以下各角度在正交平面内测量的是(　　)。

A. 前角　　B. 刃倾角　　C. 主偏角

2. 判断韧性的依据是(　　)。

A. 强度和塑性　　B. 冲击韧性和塑性
C. 冲击韧度和多冲抗力　　D. 冲击韧度和强度

3. 根据拉伸试验过程中拉伸力和伸长量关系,画出的力—伸长曲线(拉伸图)可以确定出金属的(　　)。

A. 强度和硬度　　B. 强度和塑性　　C. 强度和韧性　　D. 塑性和韧性

4. (　　)是大多数机械零件选材和设计的依据。

A. 屈服强度　　B. 韧性　　C. 抗拉强度

5. 拉伸试验时,试样拉断前能承受的最大标称应力称为材料的(　　)。

A. 屈服强度　　B. 抗拉强度　　C. 弹性极限

6. 制造挖掘机铲斗的材料应选用(　　)。

A. 1Cr18Ni9　　B. ZGMn13　　C. 60Si2Mn　　D. CrWMn

7. 3Cr2W8V 是常见的合金钢,在(　　)制造中用得较多。

A. 模具五金钢　　B. 刃具　　C. 轴承　　D. 渗碳件

## 三、判断题

1. 热处理方法很多,其工艺都由加热、保温和冷却 3 个阶段组成。(　　)
2. 表面热处理主要包括感应淬火和火焰淬火等。(　　)
3. 熔模铸造也能够铸出尺寸较大的铸件,但不能铸强度高的铸件。(　　)
4. 爆炸成形技术适合于单一品种小批量生产,尤其适合难加工的金属材料。(　　)
5. 弯曲模的角度必须与冲压弯曲件的弯曲角度一致。(　　)
6. 形状简单、横截面逐渐减小、最大截面在端部的铸件一般采用分开模造型。(　　)

7. 气焊在点火时,可先开乙炔瓶,后开氧气瓶,而在熄火时应先关乙炔瓶,后关氧气瓶即“先开先关,后开后关”。 (　　)

8. 在车床上切断工件时,工件的切断部位应距卡盘远些。 (　　)

9. 在车削过程中,进给运动的速度一定小于主运动速度。 (　　)

10. 车床运转 500 h 后,需要进行一级保养。 (　　)

11. 粗加工阶段一般选韧性比较好的高速钢刀具。 (　　)

**四、多选题**

1. 渗入元素的活性原子被钢件表面吸附后进入晶格内形成固溶体或形成碳化物的过程称为(　　)。

A. 分解　　B. 吸收　　C. 吸附　　D. 扩散

2. 下列焊接方法属于熔焊的是(　　)。

A. 电阻焊　　B. 焊条电弧焊　　C. 气焊　　D. 电渣焊

3. 铸造生产的主要工序是(　　)。

A. 造型　　B. 制芯　　C. 熔炼　　D. 浇注

4. 常用的车外圆锥面的方法有(　　)。

A. 小滑板转位法　　B. 偏移尾架法　　C. 靠模法　　D. 宽刀法

5. 根据基准的作用不同,可将基准分为(　　)。

A. 设计基准　　B. 工艺基准　　C. 定位基准

6. 切削加工工艺过程的安排需要遵循(　　)。

A. 基准先行原则　　B. 粗精分开原则　　C. 先主后次原则

7. 塑料按成形方法分为(　　)。

A. 通用塑料　　B. 工程塑料　　C. 热塑性塑料　　D. 热固性塑料

# 综合考试题十一

## 一、填空题

1. 影响切削力的主要因素有________、________和________。

2. 在铺设铁轨、架设桥梁、金属工件加工过程中,测量尺寸等都要考虑到________的因素。

3. 金属材料的可锻性与________抗力有关。

4. 金属的冶金工艺可以分为________、________和________三大类。

5. 非合金钢按用途分为________和________。

6. 40Cr 属于________,其热处理方式为________。

7. 在牌号 GCr4 中,铬元素的质量分数为________。

8. 在 GCr15 中络的含量为________。

9. 灰铸铁是指碳主要以________形式存在的铸铁。

10. 合金钢按主要质量等级可分为________合金钢和________合金钢。

## 二、单选题

1. 合金弹簧钢的含碳量一般为(　　)。

A. 0.10% ~0.25%　　B. 小于 0.10%

C. 0.25% ~0.50%　　D. 0.45% ~0.75%

2. 鸟巢钢架选用的材料为(　　)。

A. Q460　　B. Q295　　C. W　　D. Ni

3. 在易切削钢中,常加入的元素是(　　)。

A. Cr　　B. S　　C. W　　D. Ni

4. 30 ~40 号优质碳素结构钢一般会涂上(　　)以便和其他材料区分。

A. 棕色+绿色　　B. 白色+蓝色　　C. 白色+棕色　　D. 蓝色+绿色

5. 60Si2Mn 按用途和热处理特点属于(　　)。

A. 合金渗碳钢　　B. 合金调质钢　　C. 合金弹簧钢　　D. 合金工具钢

6. 淬火钢回火后的冲击韧性随着回火温度的升高而(　　)。

A. 提高　　B. 降低　　C. 不变　　D. 先提高后降低

7. (　　)是将钢加热到适当温度,保持一定时间,然后在炉中缓慢冷却的热处理。

A. 退火　　B. 正火　　C. 淬火　　D. 回火

## 三、判断题

1. 粗加工的目的是尽快地去除余量,所以不管粗加工去除余量有多大,都可以通过进一次走刀来达到粗加工的精度要求。(　　)

2. 车刀歪斜装夹会影响车刀前角和后角的大小。(　　)

3. 车削时,工件每转一转刀具沿进给方向移动的距离为切削速度。(　　)

4. 零件在一台车床上粗车、精车端面和钻孔,此时工序为 3 个。(　　)

5. 低碳钢在进行拉伸试验时,其伸长量与拉伸力成正比。(　　)

6. 金属材料的力学性能都是在静载荷作用下测得的。(　　)

7. 塑性变形只改变金属的力学性能。(　　)

8. 滚珠轴承钢中的 Cr 后面的数字表示含 Cr 量的千分数。 (　　)

9. 9SiCr 是合金工具钢。 (　　)

10. 高速车削时的车为一般使用硬质合金。 (　　)

11. 高锰钢主要用于制造坦克、拖拉机的履带。 (　　)

**四、多选题**

1. 硬质合金具有(　　)特点。

A. 硬度高(86~93HRA)

B. 热硬性好(900~1 000 ℃时保持 60HRC)

C. 耐磨性好

D. 脆性大,不能进行切削加工制成形状复杂的整体刀具

2. 气体渗碳介质有(　　)。

A. 甲烷　　B. 丙烷　　C. 甲醇　　D. 煤油

3. 退火作为预备热处理工序,并一般安排在(　　)等工序之后。

A. 铸造　　B. 锻造　　C. 焊接　　D. 磨削精工

4. 下列属于自由锻造工序的有(　　)。

A. 镦粗　　B. 拔长　　C. 冲孔　　D. 胀形

5. 下列可以进行锻压加工的是(　　)。

A. 可锻铸铁　　B. 低碳钢　　C. 中碳钢　　D. 铸造铝合金

6. 铣床的功能是(　　)。

A. 铣削平面　　B. 铣削沟槽　　C. 铣削成形面　　D. 铣削圆弧面

7. 下列属于合金铸铁的是(　　)。

A. 灰铸铁　　B. 耐磨铸铁　　C. 耐热铸铁　　D. 球墨铸铁

# 综合考试题十二

## 一、填空题

1. 球化处理是铁水浇铸前加入少量________,使石墨以球状析出。

2. 为了降低钢材的硬度,提高其塑性,改善切削加工性能和锻压加工性能,细化材料的组织,消除内应力,常采用________处理,该处理从时段上属________热处理。

3. 为提高金属材料的机械性能,通常进行热处理,俗称"四把火",即________、________、________、________。

4. 根据零件的精度、表面粗糙度等技术要求,力求在保证加工质量的前提下,安装次数要尽量________。

5. 铸造生产的三大重要生产过程有________、________、________。

6. 变形一般可分为________和________两种。不能随载荷的去除而消失的变形称为________。

7. 在锻件的冷却过程中,由于冷却速度过快会使锻件表面产生________,影响切削加工性。

8. 金属的可锻性与金属的________和________有关。

9. 颗粒粒径分布常表示成________和________的形式。

10. 为了有效地控制切削温度,选用________、________比选用大的切削速度有利。

## 二、单选题

1. 完全退火不能用于(　　)。

A. 过共析钢　　B. 共析钢　　C. 亚共析钢

2. 钢件进行感应加热表面淬火后,需要进行(　　)。

A. 低温回火　　B. 中温回火　　C. 高温回火

3. 通常情况下,亚共析钢停火加热温度应为(　　)。

A. Ac1 以上　　B. Ac1 ~ Ac3　　C. Ac3 以上

4. 通常情况下,共析、过共析碳钢淬火加热温度应为(　　)。

A. Ac1 以上　　B. Ac1 ~ ACcm　　C. ACcm 以上

5. 磨削的工件硬度高时,应选择(　　)的砂轮。

A. 较软　　B. 较硬　　C. 任意硬度

6. 低碳钢和中碳钢小型锻件一般采用(　　)。

A. 空冷　　B. 炉冷　　C. 渣冷

7. 钢的锻造温度应在(　　)区域进行。

A. 单相奥氏体　　B. 单相铁素体　　C. 单相渗碳体　　D. 单相珠光体

## 三、判断题

1. 灰铸铁是指碳主要以片状石墨形态存在的铸铁。(　　)

2. 热处理按目的与作用不同,分为退火、正火、淬火和回火。(　　)

3. 热处理按目的与作用不同,分为整体热处理、表面热处理和化学热处理 3 类。(　　)

4. 型砂的强度和紧实度不够,或浇注速度过快都可能会产生砂眼。(　　)

5. 形状简单，横截面依次减小，最大截面在局部的铸件中采用分开模造型。（　）
6. 减小和消除铸造内应力的主要方法是对铸件进行时效处理。（　）
7. 金属液的化学成分不合格，会降低铸件的力学性能和物理性能。（　）
8. 组元就是组成合金独立的最基本的元素。
9. 对低碳钢进行退火，对高碳钢进行正火，可改善切削加工型。（　）
10. 锻压加工可以改变金属的内部组织，提高金属的力学性能。（　）
11. 锻压加工适用范围很广，可以加工形状比较复杂的零件。（　）

## 四、多选题

1. 工艺基准包括（　）。
   A. 设计基准　B. 定位基准　C. 测量基准　D. 装配基准
2. 在下列刀具角度中，属于独立角度的是（　）。
   A. 主偏角　B. 刀尖角　C. 前角　D. 切削角
3. 铸铁的种类按碳在铸铁中的存在形式可分为（　）。
   A. 白口铸铁　B. 灰铸铁　C. 可锻铸铁　D. 球墨铸铁
4. 常用的热处理加热设备有（　）。
   A. 箱式电阻炉　B. 盐浴炉　C. 井式炉　D. 火焰加热炉
5. 热处理中的常用冷却设备有（　）。
   A. 水槽　B. 吹风机　C. 油槽　D. 盐浴
6. 下列对热处理工序的安排描述正确的是（　）。
   A. 一般将调质处理安排在粗加工之后，半精加工之前
   B. 一般将最终热处理安排在半精加工之后，磨削加工之前
   C. 退火或正火一般安排在毛坯成形之后，粗加工之前
   D. 一般来说，安排了预备热处理或低温回火后，则不需要安排时效处理
7. 气焊时用的可燃性气体是（　）。
   A. 乙炔　B. 氧气　C. 一氧化碳　D. 液化气

# 综合考试题十三

## 一、填空题

1. 各种机床进行切削加工时，切削运动分________和________。
2. 通常把________、________和________称为切削用量三要素。
3. 车刀切削部分一般由________、________和________组成。
4. 正交平面参考系由________、________、________所构成的刀具标注角的参考系。
5. 生产过程分为________和________两部分。
6. 一般工件的安装方式有：________安装、________安装和________安装。
7. 黄铜是由________和________两种金属元素组成的合金。
8. 弹簧根据加工工艺的不同可分为________弹簧和________弹簧两种。
9. ________是确定热处理工艺的重要依据。
10. 非合金钢按用途分为________和________。

## 二、单选题

1. 非合金钢的终锻温度应取（　　）。

A. 800 ℃　　B. 1 200 ℃　　C. 1 280 ℃

2. 加工大型锻件(5 t 以上)时一般用（　　）。

A. 空气锤　　B. 蒸汽空气锤　　C. 水压机

3. 一般根据所用钻头的直径和工作材料的硬度来选择钻床的主轴转速，钻（　　）时选择较大主轴转速。

A. 去直径孔　　B. 小直径孔　　C. 通孔

4. 加工塑性材料、软材料时前角（　　），加工脆性材料、硬材料时前角（　　）。

A. 大些；小些　　B. 小些；大些　　C. 大些；大些　　D. 小些；小些

5. 铣削平面的方法主要有（　　）和端面铣削。

A. 圆周铣削　　B. 顺铣削　　C. 逆铣削

6. 在零件图上用来确定其他点、线、面位置的基准，称为（　　）基准。

A. 设计　　B. 划线　　C. 定位　　D. 装配

7. 刀具的刃倾角在切削中的主要作用是（　　）。

A. 使主切削力强度增加

B. 控制切屑流出方向

C. 控制切削力大小

## 三、判断题

1. 锻件的冷却速度过快，会使锻件表面产生硬皮。（　　）
2. 落料和冲孔都属于分离工序，但是二者的生产目的不同。（　　）
3. 刃磨硬质合金车刀，用氧化铝砂轮。（　　）
4. 铰孔结束后，铰刀退出在停车后进行。（　　）
5. 切削用量选得越大，生产效率越高。（　　）
6. 精加工时，需要避免积屑瘤。（　　）

7. 车刀后角不能取负值。 (　　)

8. 减小表面粗糙度值采用减小主偏角比减小副偏角的效果好。 (　　)

9. 切削铸铁等脆性材料时，为了减少粉末状切屑，需用切削液。 (　　)

10. 青铜是除黄铜、白铜以外的铜合金的统称。 (　　)

11. 1834 年，法国化学家得维尔用钠作为还原剂成功制成铸块的金属铝，实现了铝的工业化生产，使得铝制品进入了寻常百姓家。 (　　)

**四、多选题**

1. 浇注系统由(　　)组成。

A. 浇口杯　　B. 直浇道　　C. 横浇道　　D. 内浇道

2. 评价材料切削加工性好的综合指标有(　　)。

A. 刀具耐用度低　　B. 许用切削速度较高

C. 加工表面质量易于保证　　D. 断屑问题易于解决

E. 切削力大

3. 影响刀具耐用度的因素有(　　)。

A. 刀具材料　　B. 切削用量　　C. 零件形状　　D. 刀具几何角度

E. 工件材料

4. 一般遵循的精基准的选择原则有(　　)。

A. 基准重合原则　　B. 基准统一原则　　C. 自为基准原则　　D. 互为基准材料

5. 金属材料疲劳断裂经历的阶段包括(　　)。

A. 微裂源　　B. 扩展区　　C. 承载区　　D. 瞬断区

6. 某金属的耐磨性好，但不能说明其(　　)性能也好。

A. 强度　　B. 塑性　　C. 韧性　　D. 硬度

# 参考答案

扫码查看